举旗大湖之南
落子潇湘安澜

新中国气象事业70周年·湖南卷

湖南省气象局

图书在版编目（CIP）数据

新中国气象事业70周年. 湖南卷/湖南省气象局编著. — 北京：气象出版社，2020.11
ISBN 978-7-5029-7160-1

Ⅰ.①新… Ⅱ.①湖… Ⅲ.①气象—工作—湖南—画册 Ⅳ.① P468.2-64

中国版本图书馆 CIP 数据核字 (2020) 第 226021 号

新中国气象事业70周年·湖南卷
Xinzhongguo Qixiang Shiye Qishi Zhounian·Hunan Juan

湖南省气象局　编著

出版发行：	气象出版社		
地　　址：	北京市海淀区中关村南大街46号	邮政编码：	100081
电　　话：	010-68407112（总编室）	010-68408042（发行部）	
网　　址：	http://www.qxcbs.com	E-mail：	qxcbs@cma.gov.cn
策划编辑：	周　露		
责任编辑：	彭淑凡	终　　审：	吴晓鹏
责任校对：	张硕杰	责任技编：	赵相宁
装帧设计：	新光洋（北京）文化传播有限公司		
印　　刷：	北京地大彩印有限公司		
开　　本：	889 mm×1194 mm 1/16	印　张：	10
字　　数：	256 千字		
版　　次：	2020 年 11 月第 1 版	印　次：	2020 年 11 月第 1 次印刷
定　　价：	268.00 元		

本书如存在文字不清、漏印以及缺页、倒页、脱页等，请与本社发行部联系调换。

《新中国气象事业70周年·湖南卷》编委会

主　任： 刘家清
副主任： 潘志祥　何　逸　曾建辉　胡爱军　汪扩军　常国刚
委　员： 唐健强　谢江霞　邹用昌　刘品高　周　彪　米红波
　　　　　楚涤修　刘发挥　肖　清　李　伟　蔡荣辉　吴贤云
　　　　　尹新怀　丁岳强　刘瑞琪　廖玉芳　肖秧琳　万协成
　　　　　詹　敏　吴子佳　叶建辉　黎祖贤　曾予农　李一名

编写组

成　员： 陈　琼　胡雪媛　尹　婷　李耨周　刘国宁　林　海
　　　　　朱歆炜　曾志云　曹思沁　李　星　文　煊　苏　瑶
　　　　　龙莉华　曹恒娅　莫松柏　姚宏权　罗　丹　高继林
　　　　　廖　华

（排名不分先后）

总 序

1949年12月8日是载入史册的重要日子。这一天，经中央批准，中央军委气象局正式成立，开启了新中国气象事业的伟大征程。

气象事业始终根植于党和国家发展大局，与国家发展同行共进、同频共振。伴随着国家发展的进程，气象事业从小到大、从弱到强、从落后到先进，走出了一条中国特色社会主义气象发展道路。新中国成立后，我们秉持人民利益至上这一根本宗旨，统筹做好国防和经济建设气象服务。在国家改革开放的大潮中，我们全面加速气象现代化建设，在促进国家经济社会发展和保障改善民生中实现气象事业的跨越式发展。党的十八大以来，我们坚持以习近平新时代中国特色社会主义思想为指导，坚持在贯彻落实党中央决策部署和服务保障国家重大战略中发展气象事业，开启了现代化气象强国建设的新征程。70年气象事业的生动实践深刻诠释了国运昌则事业兴、事业兴则国家强。

气象事业始终在党中央、国务院的坚强领导和亲切关怀下，与伟大梦想同心同向、逐梦同行。党和国家始终把气象事业作为基础性公益性社会事业，纳入经济社会发展全局统筹部署、同步推进。毛泽东主席关于气象部门要把天气常常告诉老百姓的指示，成为气象工作贯穿始终的根本宗旨。邓小平同志强调气象工作对工农业生产很重要，江泽民同志指出气象现代化是国家现代化的重要标志，胡锦涛同志要求提高气象预测预报、防灾减灾、应对气候变化和开发利用气候资源能力，都为气象事业发展指明了方向，鼓舞着我们奋勇前行。习近平总书记特别指出，气象工作关系生命安全、生产发展、生活富裕、生态良好，要求气象工作者推动气象事业高质量发展，提高气象服务保障能力，为我们以更高的政治站位、更宽的国际视野、更强的使命担当实现更大发展，提供了根本遵循。

在党中央、国务院的坚强领导下，一代代气象人接续奋斗、奋力拼搏，气象事业发生了根本性变化，取得了举世瞩目的成就。

70年来，我们紧紧围绕国家发展和人民需求，坚持趋利避害并举，建成了世界上保障领域最广、机制最健全、效益最突出的气象服务体系。

面向防灾减灾救灾，我们努力做到了重大灾害性天气不漏报，成功应对了超强台风、特大洪水、低温雨雪冰冻、严重干旱等重大气象灾害，为各级党委政府防灾减灾部署和人民群众避灾赢得了先机。我们建成了多部门共享共用的国家突发事件预警信息发布系统，努力做到重点灾害预警不留盲区，预警信息可在10分钟内覆盖86%的老百姓，有效解决了"最后一公里"问题，充分发挥了气象防灾减灾第一道防线作用。

面向生态文明建设，我们构建了覆盖多领域的生态文明气象保障服务体系，打造了人工影响天气、气候资源开发利用、气候可行性论证、气候标志认证、卫星遥感应用、大气污染防治保障等服务品牌，开展了三江源、祁连山等重点生态功能区空中云水资源开发利用，完成了国家和区域气候变化评估，组织了四次全国风能资源普查，探索建设了国家气象公园，建立了世界上规模最大的现代化人工影响天气作业体系，人工增雨（雪）覆盖500万平方公里，防雹保护达50多万平方公里，有力推动了生态修复、环境改善，气象已经成为美丽中国的参与者、守护者、贡献者。

面向经济社会发展，我们主动服务和融入乡村振兴、"一带一路"、军民融合、区域协调发展等国家重大战略，主动服务和融入现代化经济体系建设，大力加强了农业、海洋、交通、自然资源、旅游、能源、健康、金融、保险等领域气象服务，成功保障了新中国成立70周年、北京奥运会等重大活动和南水北调、载人航天等重大工程，积极引导了社会资本和社会力量参与气象服务，服务领域已经拓展到上百个行业、覆盖到亿万用户，投入产出比达到1:50，气象服务的经济社会效益显著提升。

面向人民美好生活，我们围绕人民群众衣食住行健康等多元化服务需求，创新气象服务业态和模式，大力发展智慧气象服务，打造"中国天气"服务品牌，气象服务的及时性、准确性大幅提高。气象影视服务覆盖人群超过10亿，"两微一端"气象新媒体服务覆盖人群超6.9亿，中国天气网日浏览量突破1亿人次，全国气象科普教育基地超过350家，气象服务公众覆盖率突破90%，公众满意度保持在85分以上，人民群众对气象服务的获得感显著增强。

70年来，我们始终坚持气象现代化建设不动摇，建成了世界上规模最大、覆盖最全的综合气象观测系统和先进的气象信息系统，建成了无缝隙智能化的气象预报预测系统。

综合气象观测系统达到世界先进水平。气象观测系统从以地面人工观测为主发展到"天—地—空"一体化自动化综合观测。现有地面气象观测站7万多个，全国乡镇覆盖率达到99.6%，数据传输时效从1小时提升到1分钟。建成了216部雷达组成的新一代天气雷达网，数据传输时效从8分钟提升到50秒。成功发射了17颗风云系列气象卫星，7颗在轨运行，为全球100多个国家和地区、国内2500多个用户提供服务，风云二号H星成为气象服务"一带一路"的主力卫星。建立了生态、环境、农业、海洋、交通、旅游等专业气象监测网，形成了全球最大的综合气象观测网。

气象信息化水平显著增强。物联网、大数据、人工智能等新技术得到深入应用，形成了"云+端"的气象信息技术新架构。建成了高速气象网络、海量气象数据库和国产超级计算机系统，每日新增的气象数据量是新中国成立初期的 100 多万倍。新建设的"天镜"系统实现了全业务、全流程、全要素的综合监控。气象数据率先向国内外全面开放共享，中国气象数据网累计用户突破 30 万，海外注册用户遍布 70 多个国家，累计访问量超过 5.1 亿人次。

气象预报业务能力大幅提升。从手工绘制天气图发展到自主创新数值天气预报，从站点预报发展到精细化智能网格预报，从传统单一天气预报发展到面向多领域的影响预报和风险预警，气象预报预测的准确率、提前量、精细化和智能化水平显著提高。全国暴雨预警准确率达到 88%，强对流预警时间提前至 38 分钟，可提前 3～4 天对台风路径做出较为准确的预报，达到世界先进水平。2017 年中国气象局成为世界气象中心，标志着我国气象现代化整体水平迈入世界先进行列！

70 年来，我们紧跟国家科技发展步伐和世界气象科技发展趋势，大力加强气象科技创新和人才队伍建设，我国气象科技创新由以跟踪为主转向跟跑并跑并存的新阶段。

建立了较为完善的国家气象科技创新体系。我们不断优化气象科技创新功能布局，形成了气象部门科研机构、各级业务单位和国家科研院所、高等院校、军队等跨行业科研力量构成的气象科技创新体系。强化气象科技与业务服务深度融合，大力发展研究型业务。加快核心关键技术攻关，雷达、卫星、数值预报等技术取得重大突破，有力支撑了气象现代化发展。坚持气象科技创新和体制机制创新"双轮驱动"，形成了更具活力的气象科技管理制度和创新环境。气象科技成果获国家自然科学奖 26 项，获国家科技进步奖 67 项。

科技人才队伍建设取得丰硕成果。我们大力实施人才优先战略，加强科技创新团队建设。全国气象领域两院院士 35 人，气象部门入选"千人计划""万人计划"等国家人才工程 25 人。气象科学家叶笃正、秦大河、曾庆存先后获得国际气象领域最高奖，叶笃正获国家最高科学技术奖。一系列科技创新成果和一大批科技人才有力支撑了气象现代化建设。

70 年来，我们坚持并完善气象体制机制、不断深化改革开放和管理创新，气象事业从封闭走向开放、从传统走向现代、从部门走向社会、从国内走向全球。

领导管理体制不断巩固完善。坚持并不断完善双重领导、以部门为主的领导管理体制和双重计划财务体制，遵循了气象科学发展的内在规律，实现了气象现代化全国统一规划、统一布局、统一建设、统一管理，形成了中央和地方共同推进气象事业发展、共同建设气象现代化的格局，满足了国家和地方经济社会发展对气象服务的多样化需求。

各项改革不断深化。坚持发展与改革有机结合，协同推进"放管服"改革和气象行政审批制度改革，全面完成国务院防雷减灾体制改革任务，深入推进气象服务体制、业务科技体制、管理体制等改革，初步建立了与国家治理体系和治理能力现代化相适应的业务管理体系和制度体系，为气象事业高质量发展注入强大动力。

开放合作力度不断加大。与近百家单位开展务实合作，形成了省部合作、部门合作、局校合作、局企合作的全方位、宽领域、深层次国内开放合作格局。先后与160多个国家和地区开展了气象科技合作交流，深度参与"一带一路"建设，为广大发展中国家提供气象科技援助，100多位中国专家在世界气象组织、政府间气候变化专门委员会等国际组织中任职，气象全球影响力和话语权显著提升，我国已成为世界气象事业的深度参与者、积极贡献者，为全球应对气候变化和自然灾害防御不断贡献中国智慧和中国方案。

气象法治体系不断健全。建立了以《气象法》为龙头，行政法规、部门规章、地方法规组成的气象法律法规制度体系，形成了由国家、地方、行业和团体等各类标准组成的气象标准体系，气象事业进入法治化发展轨道。

70年来，我们始终坚持党对气象事业的全面领导，以政治建设为统领，全面加强党的建设，在拼搏奉献中践行初心使命，为气象事业高质量发展提供坚强保证。

70年来，气象事业发展历程中人才辈出、精神璀璨，有夙夜为公、舍我其谁的开创者和领导者，有精益求精、勇攀高峰的科学家，有奋楫争先、勇挑重担的先进模范，有甘于清苦、默默奉献的广大基层职工。一代代气象人以服务国家、服务人民的深厚情怀，谱写了气象事业跨越式发展的壮丽篇章；一代代气象人推动着气象事业的长河奔腾向前，唱响了砥砺奋进的动人赞歌；一代代气象人凝练出"准确、及时、创新、奉献"的气象精神，激发起干事创业的担当魄力！

70年的发展实践，我们深刻地认识到，**坚持党的全面领导是气象事业的根本保证**。70年来，在党的领导下，气象事业紧贴国家、时代和人民的要求，实现健康持续发展。我们坚持以习近平新时代中国特色社会主义思想为指导，增强"四个意识"，坚定"四个自信"，做到"两个维护"，把党的领导贯穿和体现到气象事业改革发展各方面各环节，确保气象改革发展和现代化建设始终沿着正确的方向前行。**坚持以人民为中心的发展思想是气象事业的根本宗旨**。70年来，我们把满足人民生产生活需求作为根本任务，把保护人民生命财产安全放在首位，把老百姓的安危冷暖记在心上，把为人民服务的宗旨落实到积极推进气象服务供给侧结构性改革等各方面工作，促进气象在公共服务领域不断做出新的贡献。**坚持气象现代化建设不动摇是气象事业的兴业之路**。70年来，我们坚定不移加强和推进气象现代化建设，以现代化引领和推动气象事业发展。我们按照新时代中国特色社会主义事业的战略安排，谋划推进现代化气象强国建设，确保气象现代化同党和国家的发展要求相适应、同气象事业发展目标相契合。**坚持科技创新驱动和人才优先发展是气象事业的根本动力**。70 年来,我们大力实施科技创新战略,着力建设高素质专业化干部人才队伍,集中攻关制约气象事业发展的核心关键技术难题,促进了气象科技实力和业务水平的不断提升。**坚持深化改革扩大开放是气象事业的活力源泉**。70 年来,我们紧跟国家步伐,全面深化气象改革开放,认识不断深化、力度不断加大、领域不断拓展、成效不断显现,推动气象事业在不断深化改革中披荆斩棘、破浪前行。

铭记历史,继往开来。《新中国气象事业 70 周年》系列画册选录了 70 年来全国各级气象部门最具有历史意义的图片,生动全面地记录了气象事业的发展足迹和突出贡献。通过系列画册,面向社会充分展示了气象事业 70 年来的生动实践、显著成就和宝贵经验;展现了气象事业对中国社会经济发展、人民福祉安康提供的强有力保障、支撑;树立了"气象为民"形象,扩大中国气象的认知度、影响力和公信力;同时积累和典藏气象历史、弘扬气象人精神,能够推动气象文化建设,凝聚共识,汇聚推进气象事业改革发展力量。

在新的长征路上,气象工作责任更加重大、使命更加光荣,我们将以习近平新时代中国特色社会主义思想为指导,不忘初心、牢记使命,发扬优良传统,加快科技创新,做到监测精密、预报精准、服务精细,推动气象事业高质量发展,提高气象服务保障能力,发挥气象防灾减灾第一道防线作用,以永不懈怠的精神状态和一往无前的奋斗姿态,为决胜全面建成小康社会、建设社会主义现代化国家做出新的更大贡献!

中国气象局党组书记、局长:刘雅鸣

2019 年 12 月

前 言

2019年是中华人民共和国成立70周年，也是新中国气象事业70周年。70年来，在中国气象局和湖南省委、省人民政府的正确领导下，湖南气象事业快速发展，气象现代化水平显著提高，气象预报预测预警能力、气象防灾减灾能力、应对气候变化能力和开发利用气候资源能力不断增强，为保障湖南经济社会可持续发展、服务防灾减灾救灾和改善生态环境，做出了积极的贡献。

为庆祝新中国成立70周年、新中国气象事业70周年，突出反映在中国共产党的正确领导下，湖南气象事业走过的光辉历程和取得的伟大成就，湖南省气象局组织编纂了《新中国气象事业70周年·湖南卷》（以下简称《湖南卷》）。

《湖南卷》由七个篇章组成，分别是领导亲切关怀、公共气象服务、气象现代化、气象科技创新、气象管理体制、开放合作、党建和精神文明建设。在参考史料的基础上，用发展的视角，从宏观的角度对湖南气象事业发展的足迹、取得的成就进行回顾和总结，从而全面地展现70年来湖南气象事业发展的辉煌历程。

《湖南卷》的编纂，汇集了省、市气象部门及全体编纂工作人员的智慧，经过了广泛征集、精心挑选、不断修改完善的全过程，力求客观、规范，既突出重点又兼顾全面，突出了推动湖南气象事业发展主题。在此，对于同志们的辛勤劳动和创造性的工作，表示诚挚的谢意。

总结历史是为了更好地开创未来。希望《湖南卷》出版后，发挥出应有的"存史鉴世""宣传教化"的作用。全省气象工作者将紧密地团结在以习近平同志为核心的党中央周围，坚定气象人的理想信念，不忘初心、牢记使命，积累和传播湖南气象事业发展的经验和智慧，凝聚推进气象事业改革发展的力量，更好地满足人民美好生活气象服务的需要，为建设富饶美丽幸福新湖南贡献新的力量，为实现"两个一百年"奋斗目标、实现中华民族伟大复兴的中国梦做出更大的贡献。

目 录

- 总序
- 前言
- 领导亲切关怀篇 ... 1
- 公共气象服务篇 ... 29
- 气象现代化篇 ... 59
- 气象科技创新篇 ... 79
- 气象管理体制篇 ... 95
- 开放合作篇 ... 107
- 党建和精神文明建设篇 ... 123

领导亲切关怀篇

新中国成立70年来,在历届党和国家领导人的高度重视和关怀下,气象事业发展取得了举世瞩目的伟大成就。特别是党的十八大以来,湖南气象事业在中国气象局和湖南省委、省人民政府领导的大力关心、支持和帮助下,阔步进入高速发展的新阶段。

◀ 1977年2月,中央气象局局长饶兴(前排右二)在湖南考察时与益阳市气象局职工合影

1993年4月28日,湖南省人民政▶府召开全省气象工作会议,副省长王克英(右四)出席会议并发表讲话

◀ 1993年4月28日,湖南省常务副省长王克英(前排左四)到省气象局视察指导工作

▲ 1998年5月16日,全国政协常委、中国气象局名誉局长邹竞蒙(前排左一)到湖南考察,湖南省委书记王茂林(右二)、副省长庞道沐(右一)在省气象局会见了邹竞蒙,并视察省气象局

▲ 1998年5月16日,全国政协常委、中国气象局名誉局长邹竞蒙(前排左五)和省委书记王茂林(前排左四)、副省长庞道沐(前排左三),共同接见湖南气象工作者并同大家合影

▲ 1999年7月28日，全国人大常委会委员、湖南省人大常委会副主任谢佑卿（左二）一行到省气象局考察指导工作

▲ 2000年12月4日，湖南省气象防灾减灾重点实验室成立，副省长潘贵玉（左一）和中国气象局副局长颜宏（右一）共同为其授牌

◀ 2002年7月1日,省长张云川(前排右四)、副省长庞道沐(右一)一行到省气象局视察并指导防汛气象服务工作

2002年12月9日,中国工程院院士 ▶
袁隆平(左二)考察湖南省气象业务平面

◀ 2003年6月23日,省委副书记、代省长周伯华(右四)和副省长杨泰波(右三)到省气象局现场办公

▲ 2003年11月,中科院院士丑纪范(前排左三)到长沙市浏阳县气象预警中心考察

▲ 2004年5月2日,省委书记、省人大常委会主任杨正午(右二)和省人法常委会副主任罗桂求(左二)一行,视察长沙黑麋峰多普勒天气雷达站

▲ 2004年7月21-24日，中国气象局局长秦大河（左二）到湖南检查指导防汛抗灾气象服务和实施"三大战略"工作，省委副书记、省长周伯华（左三），副省长杨泰波（左四）会见了秦大河局长，并共商湖南气象事业发展大计

▲ 2004年10月，中国气象局原局长温克刚（右二）到省气象局考察指导工作

▲ 2004 年 7 月，中国气象局局长秦大河（左二）向湖南省省长周伯华（右二）赠送湖南遥感地形图

▲ 2005 年 5 月 13 日，湖南省委书记、省人大常委会主任杨正午（前排左四），副省长杨泰波（前排左五）视察省气象影视中心

▲ 2006年5月24日,中国气象局副局长王守荣(右二)来湘指导湖南气象事业发展"十一五"规划编制和防汛抗灾气象服务工作

▲ 2006年7月27日,省委常委、省委宣传部长蒋建国(前排左二)到省气象局考察指导工作,慰问战斗在防汛抗灾一线的气象工作者

▲ 2006年9月9日,中纪委驻中国气象局纪检组组长孙先健(前排右四)到湖南气象部门考察

▲ 2007年5月10-11日，中国气象局局长郑国光（前排左二）、副局长矫梅燕（二排右二）到湖南检查指导防汛气象服务工作

◀ 2008年8月，省委书记张春贤（左一）、省长周强（右二）在省气象局局长祝燕德等陪同下，慰问人工影响天气作业人员

▲ 2007年11月26日，中纪委驻中国气象局纪检组组长孙先健（左二）到湖南气象部门调研指导工作

2008年1月20日，中国气象局副局长宇如聪（左一）率队到湖南气象部门慰问，指导抗冰救灾气象服务工作 ▶

2008年6月4日,省委常委、省纪委书记许云昭(左四)听取省气象局党组集体汇报

▲ 2008年6月5日,中国气象局局长郑国光(右一)来湘检查指导湖南防汛工作,亲临省气象台业务平面看望慰问奋斗在一线的湖南气象工作者

▲ 2008年11月3-8日，湖南省委书记张春贤（左三）会见全国人大农业与农村委员会实施《中华人民共和国气象法》调研组组长王明义（左四）一行

▲ 2009年11月19日，省委常委、省政法委书记李江（右九）在应急演练现场考察应急气象服务工作

▲ 2010年8月18日，国家烟草局局长、党组书记姜成康（前排左二），省委副书记、省长徐守盛（前排左三），参观长沙市宁乡县气象局在喻家坳国家现代烟草农业示范区设立的气象防灾减灾工作站

▲ 2010年10月18日，全国政协人口环境资源委员会副主任委员、中国气象局原局长温克刚（前排左二）到湖南考察调研

领导亲切关怀篇 **湖南**

▲ 2011年10月21-23日，中国气象局局长郑国光（前排右二）到湖南省气象部门检查指导工作，与省长徐守盛（右三）、副省长徐明华（右五）共同视察省气象预警中心

◀ 2011年10月22日，中国气象局局长郑国光（中）和省委常委、长沙市委书记陈润儿（右一）在考察气象为农服务"两个体系"建设时与关山村村干部交谈

新中国气象事业 70 周年

▲ 2011年12月22日，中国气象局局长郑国光（前排右五）在省政府副秘书长陈吉芳（前排右四）、省气象局局长祝燕德（前排右三）和湘潭市委书记陈三新（前排右六）等领导陪同下到韶山市气象局调研指导工作

2012年7月5日，张家界市委书记胡伯俊（前排左四）、省气象局局长祝燕德（前排左二）在市气象台检查指导工作

领导亲切关怀篇 **湖 南**

2012年7月16日,省委书记、省人大常委会主任周强(前排右二),省委常委、省委秘书长易炼红(前排右三),副省长徐明华(二排左一)等,在汛期气象服务的关键时刻,到省气象预警中心考察,慰问气象干部职工

2012年7月29日,世界气象组织观测司司长、中国气象局原副局长张文建(中),在省气象局领导陪同下考察省气象信息中心

▲ 2013年1月28日,中国气象局党组副书记、副局长许小峰(中)到湖南省气象预警中心考察调研

▲ 2013年8月4日,省委书记徐守盛(右)会见中国气象局党组书记、局长郑国光(左)

领导亲切关怀篇 **湖南**

▲ 2013年8月14日，省长杜家毫（右二）、副省长张硕辅（右三）考察省气象预警中心，慰问气象工作者

▲ 2013年9月7日，全国人大常委会副委员长张宝文（中）率气象法执法检查组来湘检查，到省气象预警中心视察。中国气象局副局长于新文、省人大常委会副主任徐明华等领导陪同考察

▲ 2014年5月4日，湖南省人大常委会党组成员杨泰波（左三），省人民政府副省长张硕辅（左四）到省气象局检查指导汛期气象服务工作，充分肯定了近年来气象事业的发展和取得的成绩

◀ 2014年6月13日，中国气象局局长郑国光（右）在京会见湖南省副省长张硕辅（左）一行，就继续推进湖南省气象现代化工作进行会谈

◀ 2015年5月27日，副省长戴道晋（左二）到省气象局检查调研气象工作，充分肯定气象部门为全省经济社会发展和人民生活做出的重大贡献

▲ 2016年2月24日，湖南省人民政府召开2016年全省气象工作座谈会。副省长戴道晋（中）出席会议

2016年7月5日，中国气象局党组书记、局长郑国光（右三）到岳阳市气象局检查指导工作

▲ 2016年8月3日，湖南省人民政府召开全省人工影响天气工作电视电话会议。副省长戴道晋（主席台左二）出席会议

▲ 2017年1月13日，湖南省副省长张剑飞（右二）在长沙高铁站检查春运保障服务工作，来到春运气象台前

▲ 2017年3月29日，湖南省副省长戴道晋（左二）调研中国气象局长沙综合气象观测试验基地

▲ 2017年8月9日，中国气象局副局长宇如聪（前排右三）深入湖南省益阳市、桃江县、宁乡县调研指导汛期气象服务工作

▲ 2017年8月30日，湖南省副省长隋忠诚（右一）到省气象局调研指导工作

▲ 2018年1月28日，湖南省副省长隋忠诚（右三）到省气象局调研指导工作

2018年2月6日，中国气象局党组成员、副局长沈晓农（右）到湘慰问，并同长沙经济开发区党工委书记、长沙县委书记曾超群（左）为"中国百年气象站——黄花站"授牌

▲ 2018年4月27日，中国气象局党组书记、局长刘雅鸣（中间右）在京会见湖南省副省长隋忠诚（中间左），就未来五年省部共同推进湖南气象事业发展的主要思路、重点项目等进行会谈

◀ 2018年8月14日,湖南省副省长隋忠诚(中)到省气象局调研指导

▲ 2018年11月16日,中国气象局副局长宇如聪(前排左二)到湖南调研指导工作,要求湖南气象部门适应新时代新需求,抓住机遇,创新发展

▲ 2019年1月22-26日,中国气象局副局长沈晓农(左三)赴湖南开展春节调研慰问,召开全省气象部门视频连线慰问会

2019年1月24日,中国气象局副局长沈晓农(前排右二)参观湘潭市韶山气象局科普展示厅 ▶

2019年3月23日,省委副书记、省长许达哲在全省防汛抗旱工作电视电话会议上强调,打有准备之战、打战略主动战、打重点防御战 ▶

2019年4月10日,中国气象局副局长矫梅燕(前排右四)调研长沙县防汛气象服务工作

2019年4月10日,中国气象局副局长矫梅燕(后排右五)到岳阳市汨罗市气象局检查指导防汛工作

▲ 2019年4月22日，中国气象局副局长于新文（前排右二）在湖南省气象局检查指导"天脸识别"系统

▲ 2019年6月12日，省委副书记、省长许达哲考察省应急管理指挥中心总值班室，视频连线省气象局等单位，了解当前雨情、汛情、灾情等，向战斗在一线的工作人员表示慰问

公共气象服务篇

　　湖南是我国受气象灾害影响较严重的省份之一。70年来，湖南气象部门紧密围绕各个时期经济建设、国防建设、社会发展和人民生活，积极开展气象服务，且始终将做好重大转折性、关键性、致灾性极端天气的监测预报预警服务放在首位，为最大程度减轻灾害损失做出了积极贡献。

决策气象服务

湖南省气象服务始于20世纪50年代，80年代进入全新时期，全面运用各种气象服务手段，提供全方位多层次的服务。"湖南省最大的省情是水情，最大的忧患是水患！"湖南气象部门始终把准确、及时、优质地做好防汛气象服务作为气象服务工作的重中之重，给防灾工作赢得时间和主动权，为省委、省人民政府和省防汛抗旱指挥部的防汛救灾决策提供了科学依据，减少了灾害性天气带来的人员伤亡和财产损失。

党的十八大以来，湖南气象部门深入贯彻落实习近平总书记关于综合防灾减灾"两个坚持、三个转变"的新理念，建立健全了"党委领导、政府主导、部门联动、社会参与"的气象防灾减灾组织体系和工作机制，创新发展了"直通式、分层级、多渠道"的决策气象服务机制和以预警信息为先导的全社会应急响应机制，成功应对了2013年特大干旱、2015年湘江中上游最强冬汛、2017年湘江流域超历史洪水等重大灾害性天气过程，气象防灾减灾"第一道防线"作用不断凸显。

▲ 2016年7月17日，古丈县默戎镇发生泥石流

湖南积极发展基于风险的气象灾害预警，紧盯暴雨与中小河流洪水、山洪地质灾害发生的"时间差"，推出了面向基层、精细到乡镇和灾害防御点责任人的强降水实况监测预警服务，在2016年湘西古丈默戎镇泥石流等灾害防御中创造了人员"零伤亡"的"默戎奇迹"。

▲ 2017年6月25日，强降水引发滑坡导致新化到隆回公路受阻

▲ 2017年7月2日，湘江洪水导致橘子洲头进水被淹

▲ "碧利斯"肆虐湘东南卫星云图记载

▲ 2007年科技服务中心制作湖南省气象部门应战9号台风专题汇报片

2006年"碧利斯""格美"台风以及2007年"圣帕"台风袭击我省，气象部门的准确预报为省委、省人民政府正确指挥抗灾救灾提供了科学依据。

公共气象服务篇 **湖南**

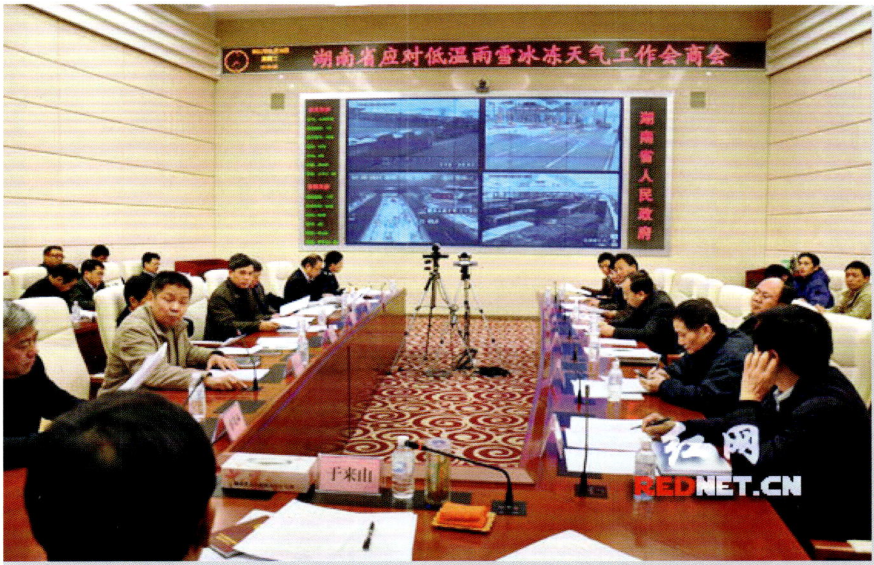

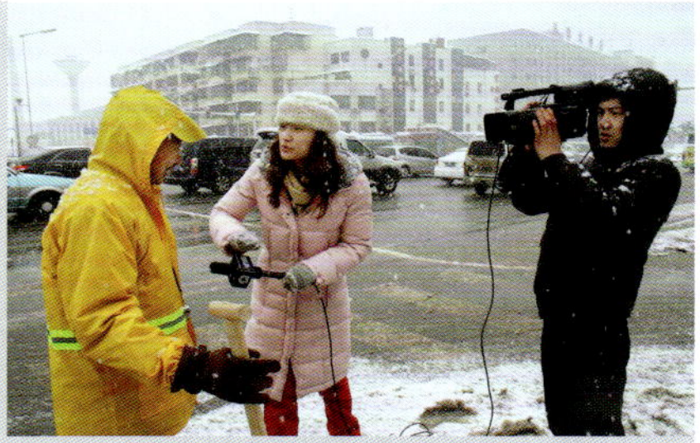

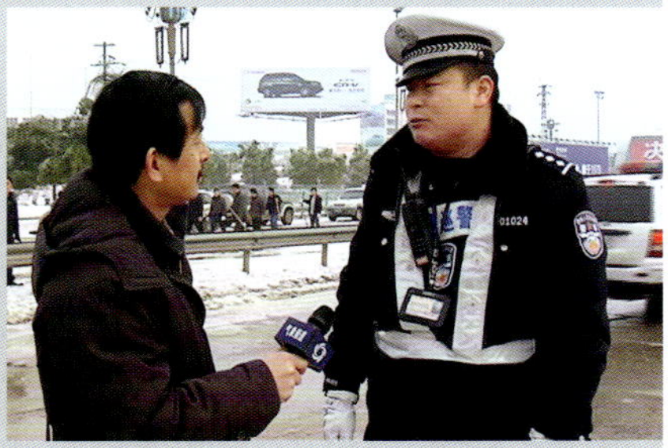

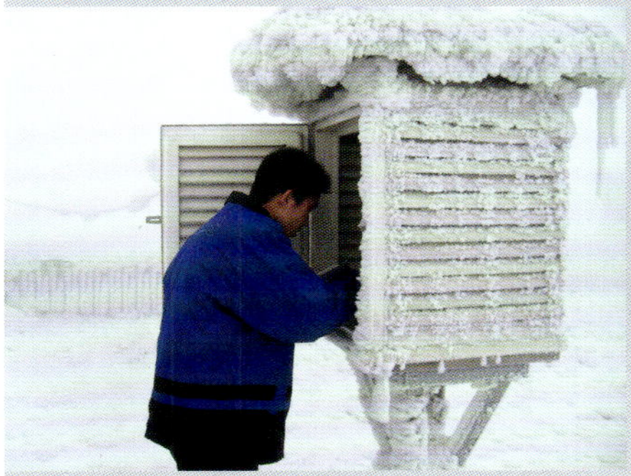

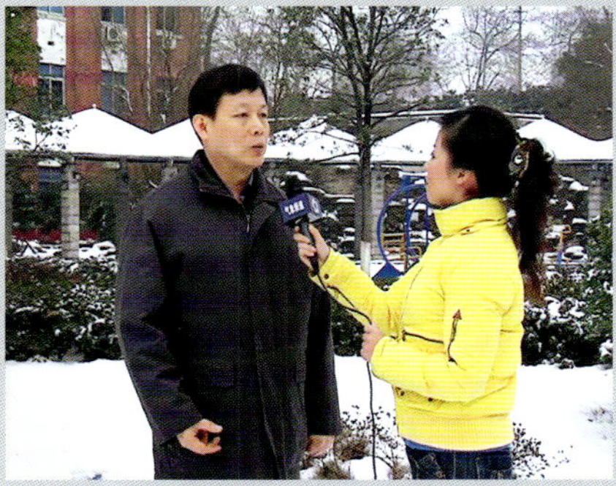

2008年1月中旬至2月初，湖南遭受罕见的低温雨雪冰冻灾害，及时准确的气象服务为湖南组织抗冰救灾、科学分流滞留车辆、服务电网紧急抢修等提供了重要依据。

重大活动现场保障服务

▲ 2014年7月4日,由湖南省人民政府应急办、湖南省气象局主办,省民政厅、省安监局、长沙市人民政府应急办、岳麓区人民政府、长沙市气象局等10个单位承办的"湖南省城市气象防灾减灾应急演练"活动在岳麓区咸嘉新村示范社区举行

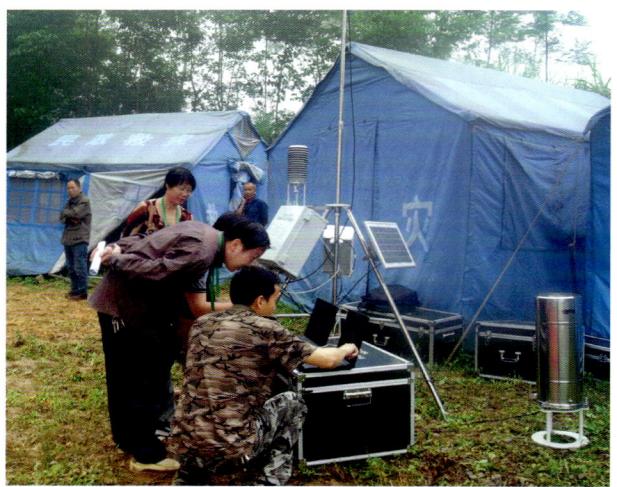

▲ 2014年5月,宁远县气象局参加联合应急演练。图为宁远县领导查看气象应急演练情况

▲ 岳阳市气象局参加岳阳市危险化学品重大事故应急救援演练

▲ 2007年2月2日下午,湖南泰格林纸集团芦苇堆场突发火灾

▲ 2007年2月3日凌晨,泰格林纸集团芦苇堆场起火后,岳阳市气象局人员在救火现场进行气象服务

气象为农服务

湖南是一个农业大省、粮食大省，气象为农服务的责任尤其重大。20世纪60年代，先后完成了水稻、小麦、棉花、油菜、红薯、柑橘等作物的气候区划。70年代，开始为粮食生产特别是杂交水稻的发展提供服务。80年代中期，开始发布农作物产量预报。至90年代，开展两系法杂交水稻气象问题研究，与省农业厅合作开展"水稻大面积高产综合配套技术研究与示范"，为湖南的"米袋子"和"菜篮子"工程建设贡献力量。

▲ 2017年5月17日，气象专家在扶贫点进行气象技术扶贫

▲ 2017年3月，气象专家下到田间地头开展气象为农服务

▲ 气象为农防灾减灾示范村

▲ 2014年3月3日，长沙市气象局农气专家在浏阳调研农情

▲ 湖南省农气专家接受采访

▲ 《湖南省现代农业气候区划》赠书仪式

人工影响天气

湖南自 1959 年起开展人工增雨作业试验，是全国最早的省份之一，多年来从未间断，目前已基本形成以地方政府领导和协调、气象主管机构组织实施和指导管理的人工影响天气（简称人影）工作机制，"政府主导、部门协同、综合监管"的安全监管体系和地方政府投入为主、中央财政补助为辅的投入保障体系。在各级政府的大力支持下，湖南人影事业快速发展，作业装备明显改善，全省共有三七高炮 204 门，全自动火箭发射装置 203 套，标准化固定作业站点 126 个。

1987 年 9 月 11 日，娄底地区地委书记王焕明、副书记赵晴秋、行署副专员庄郁华、行署顾问原副专员姚金华等观看火箭人工降雨试验

2007 年 8 月 5 日，全省抗旱工作现场研讨会在衡阳县召开，省委书记张春贤（前排左一）、省长周强（前排左二）在省气象局祝燕德局长陪同下到长安乡检查人工增雨作业现场，并称赞人影作业"在我省抗旱工作中发挥了很好的作用"

◀ 2018年8月14日，湖南省副省长隋忠诚（右一）到长沙飞机人工影响天气作业基地调研指导工作

◀ 2019年4月24日，长株潭三市气象部门共商人影合作大计

◀ 2016年7月，湖南省人影火箭操作技能与安全培训在江西国营9394工厂举行

在湘西州、张家界、郴州等地，人工防雹效率达 90% 以上，成为烤烟等经济作物的"守护神"。近年来，人工影响天气作业更是从传统的防雹增雨为主向防灾减灾、空中云水资源开发、生态环境保护等多领域拓展。

▲ 郴州烟叶种植户赠送锦旗："人工防雹 为民消灾"

▲ 人工影响天气车载火箭发射现场

▲ 人工影响天气作业现场

▲ 2011年，永州市成立三七高炮预备役连，共99名民兵参加培训。图为其中40名民兵正在进行教练弹射击

▲ 2011年1月，建成全省第一个人影标准化作业站点——湘西自治州永顺县松柏乡花桥标准化作业站点

▲ 湘西自治州高炮人工防雹作业场景

▲ 长沙市人影办火箭人工增雨作业小分队整装待发

▲ 2014年7月31日，宁远县烟农送锦旗到该县气象局，感谢其提供气象服务

▲ 2014年10月，湖南开辟飞机人工增雨作业第二基地——芷江机场首飞成功

从2017年开始，湖南尝试在冬季开展飞机人工增雨作业，服务森林防灭火、长株潭特护期大气污染防治等，取得了初步成效。与此同时，服务水库蓄水、洞庭湖湿地生态保护的作业试验也正在有序开展。

交通气象服务

湖南的专业气象服务始于20世纪80年代，其发展也经历了从小到大、此消彼长的艰难历程，现已成为湖南气象事业发展不可或缺的组成部分。以需求为导向，以部门合作为抓手，以集约化、规模化为目标，专业气象服务发展的道路注定不平凡。目前，已覆盖应急、水利、林业、自然资源、交通、旅游、电力、保险等各个领域。开展大雾、道路结冰、短时强降水等高速公路高影响天气预报、交通安全气象指数预报、路段精细化气象要素预报等技术方法研究，研发了一系列基于路网的气象预报服务产品。

针对高速公路运行、道路封闭及限速精细化交通决策、出行道路提示、道路养护等需求，从监测、预警、预报等方面，提供基于高速公路路网分布的道路气象服务产品。

▲ 交通气象服务

▲ 会同县林城镇排子村交通气象观测站

▲ 芷江县公坪镇交通气象站

▲ 洪江市江市镇交通气象站

▲ 溆浦县黄茅园分水界交通气象站

▲ 高速路网

生态文明气象保障

牢记习近平总书记"守护好一江碧水"的殷殷嘱托，青山绿水的湖南生态里，也镌刻着气象工作者的坚守和付出。党的十八大以来，在"五位一体"总体布局的指引下，湖南生态气象业务得以迅速发展。省级成立了环境气象预报中心，建设了气象—环保专线，研发了环境气象一体化业务平台，规范了城市环境空气质量、特护期空气污染预报预警等联合业务流程，大气污染联防联控预报服务能力不断加强。

▲ 岳阳市环境气象预报预警系统界面图

◀ 预警系统

"气象""旅游"部门携手,将湖南生态资源转化为可观的绿色生产力。岳阳市平江县、永州市宁远县、江华县等10个县市区成功创建"中国天然氧吧"。2018年开始开展"中国(湖南)气候旅游胜地"系列创建活动,在获评"省十佳冬季旅游目的地"后,张家界景区冬季游逆势上扬,2019年春节期间接待游客同比增长17.5%。

◀ 生态文明旅游

▲ 气候旅游资源挖掘

▲ 农产品气候标志　　　　　　　　　　▲ 国家气候标志

▲ 旅游气象服务系统

▲ 2018年7月17日,岳阳市气象局落实政协提案旅游气象服务座谈会

◀ 2015年湖南旅游微气象推出，当年阅读量突破100万人次

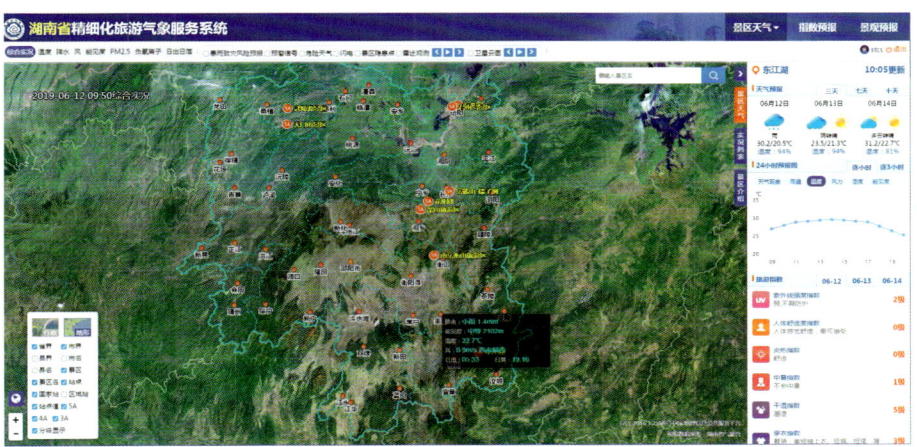

◀ 2016年精细化旅游气象服务系统界面

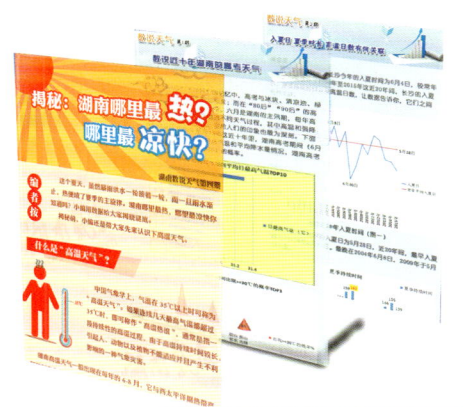

▲ "数说天气"系列图解

▲ 气候农产品溯源

突发事件预警信息发布系统建设

近年来,湖南谋划实施了省市县突发事件预警信息发布系统建设,为防灾减灾、生态文明建设、军民融合气象保障服务能力的提升注入了强大的动力,湖南气象现代化水平也得到明显提升。

▲ 全省突发事件预警信息发布工作推进会

◀ 湖南省省级突发事件预警信息发布业务实时监控系统界面

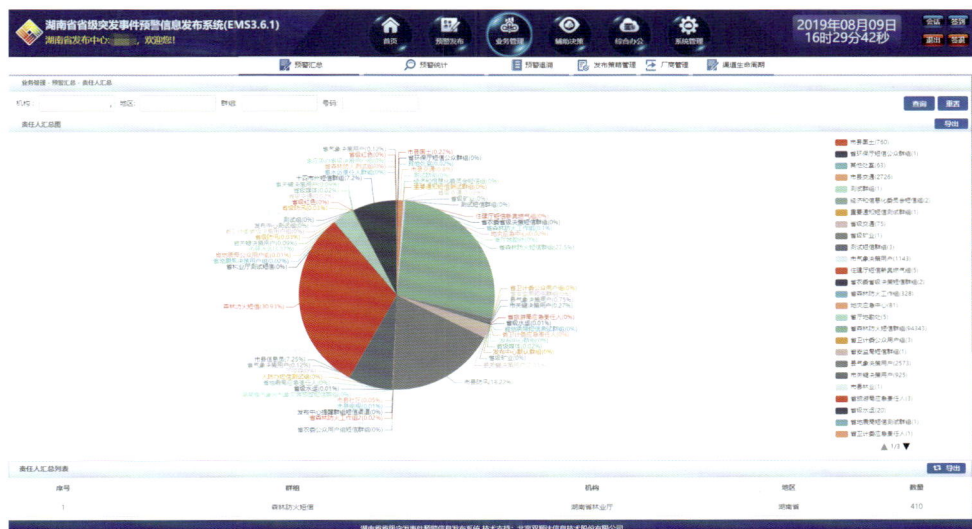

▲ 湖南省省级突发事件预警信息发布责任人统计

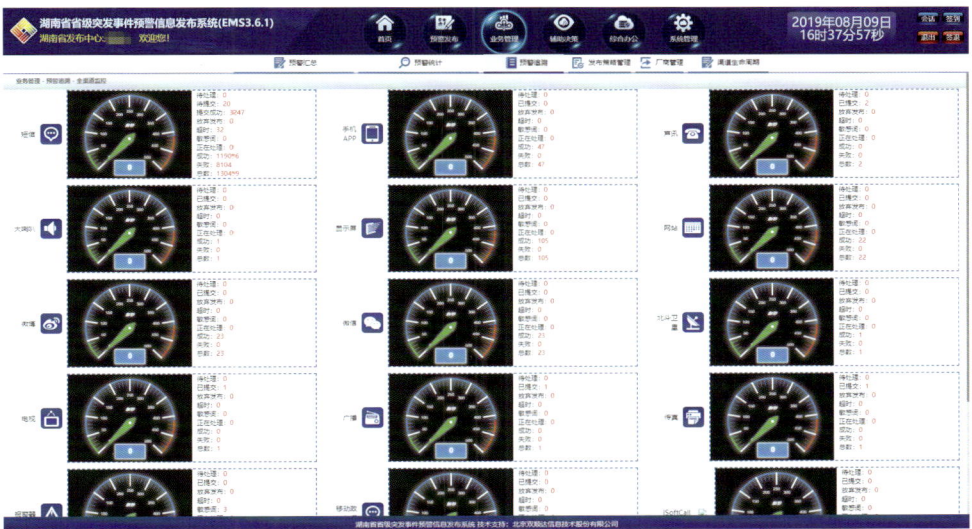

▲ 湖南省省级突发事件预警信息发布全渠道监控

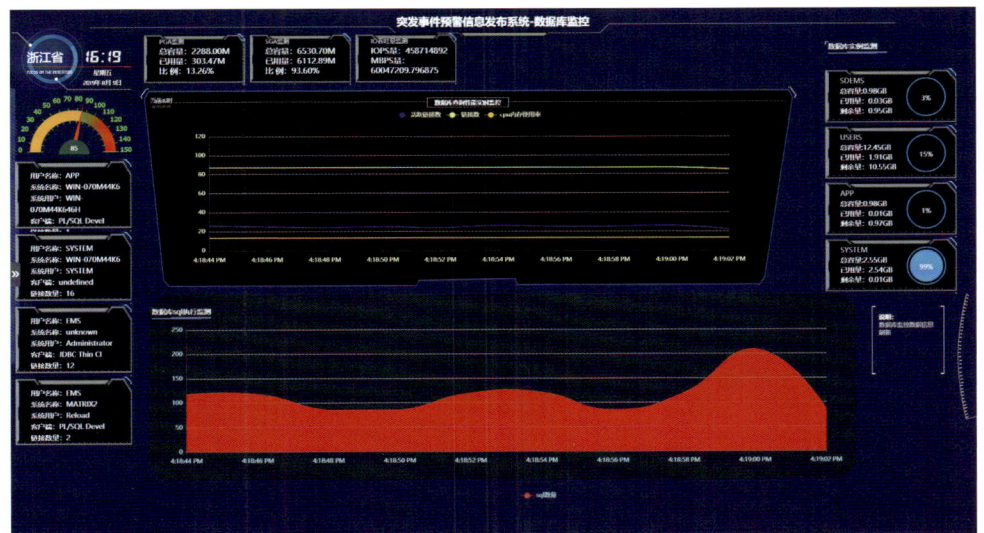

▲ 湖南省省级突发事件预警信息发布系统——数据库监控

公众气象服务

70 年风云变幻，面向公众的气象服务得到了有效发展，产品更为丰富、传播渠道更为多样、获取更为便捷。目前，全省各级气象部门共制作和播出电视气象节目 109 套，中国气象频道在全省主要城市落地，中国天气网湖南站、湖南气象网站年度访问量超过 500 万人次。

▲ "湖南天气·高速路况联合早报"自 2013 年首发以来阅读量突破 8000 万人次

◀ "科普图解"得到社会媒体的广泛关注和转发

▲ 湖南卫视气象站晚间节目"美丽新湖南"城市版面

新中国气象事业70周年

▲ 湖南卫视气象站晚间节目

▲ 经视气象站

▲ 湖南卫视气象站旅游节目

▲ 湖南省气象局与湖南高速警察局积极联动，合作推出多次防灾减灾科普活动

▲ 湖南省精细化公共气象服务产品制作系统

▲ 二十四节气系列图解

▲ 都市气象站

◀ 2019年专业气象服务首席进行全国春运直播服务

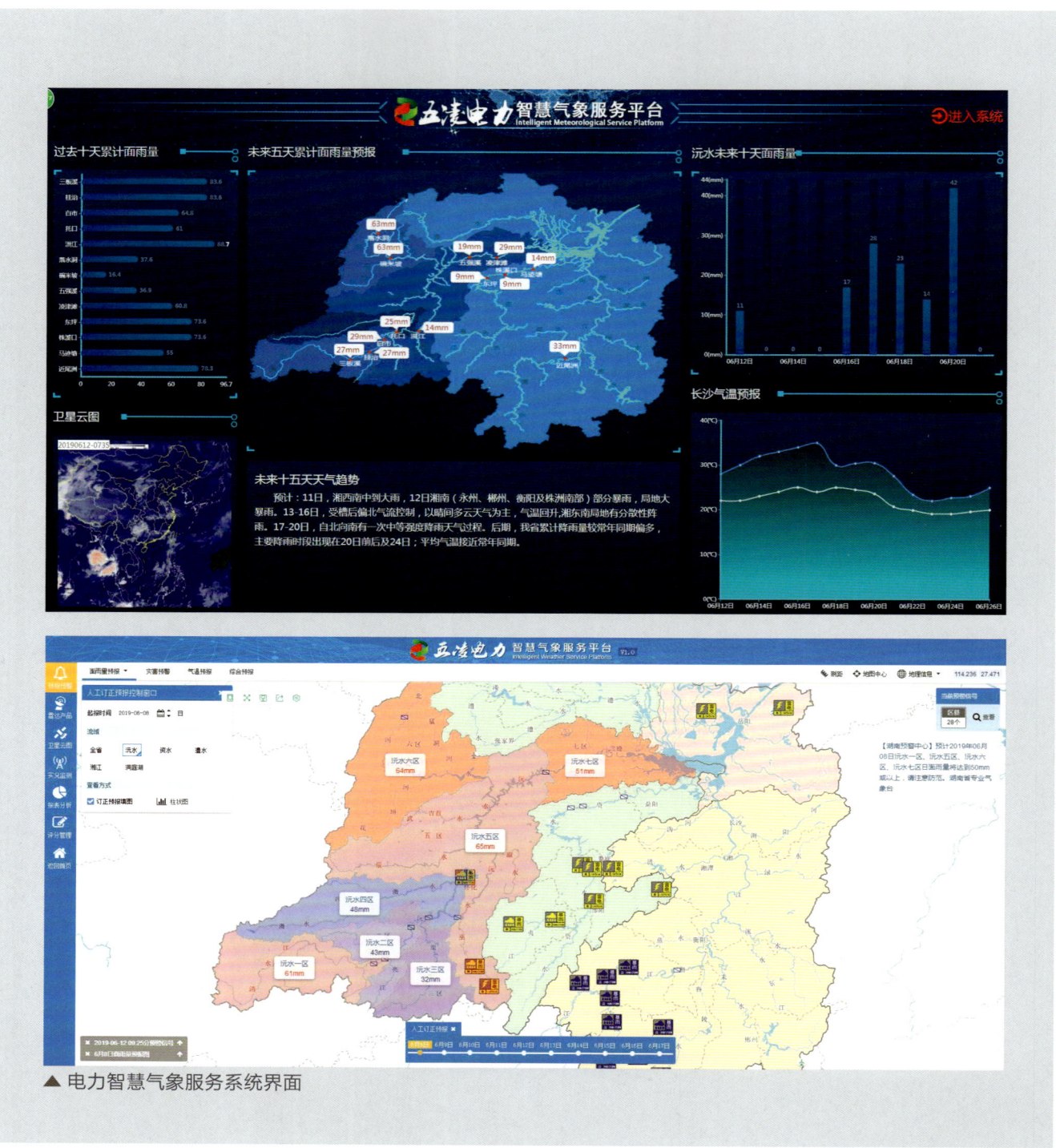

▲ 电力智慧气象服务系统界面

▲ 电力气象服务系统天气预报界面

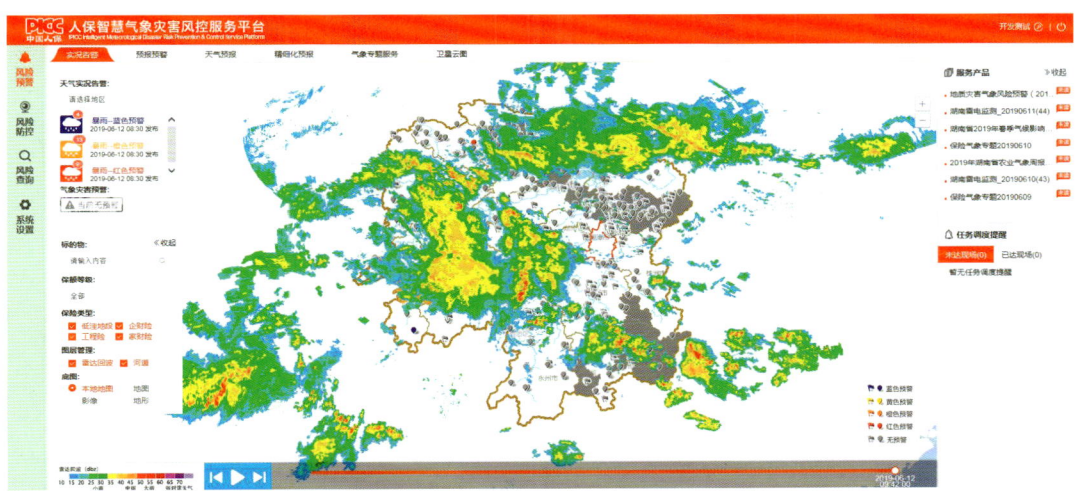
▲ 人保智慧气象灾害风控服务平台界面

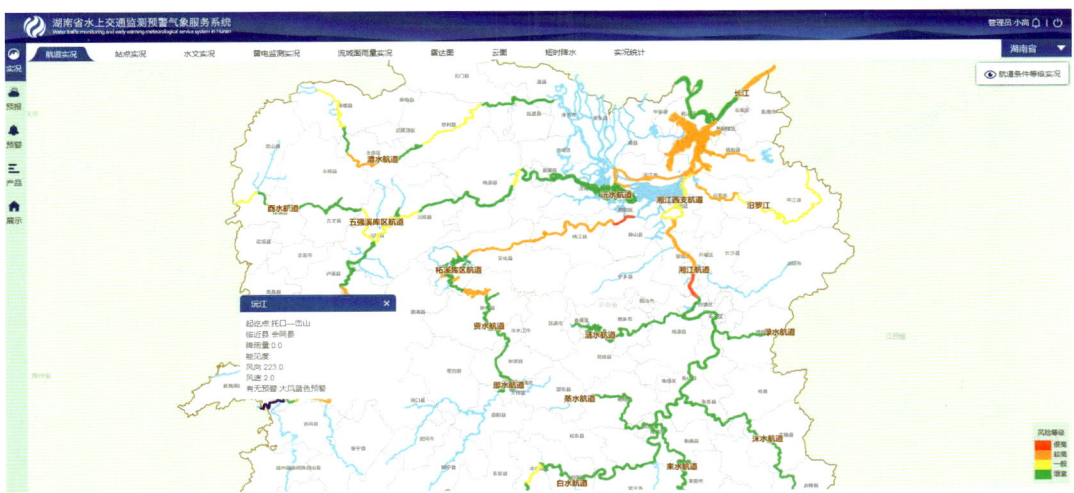
▲ 水上交通监测预警气象服务系统界面

气象现代化篇

新中国成立之初，湖南仅保留7个气象站，通过新中国成立初期的接收、恢复和整顿，到1957年底气象台站达到69个，初步形成了湖南气象观测站网。经过70年风雨兼程、砥砺奋进，湖南现有国家级地面气象观测站97个，区域气象观测站3400多个，各类应用气象观测站172个，高空气象观测站3个，新一代天气雷达11部，在建3部，713雷达2部，风廓线雷达1部以及风云三号、风云四号气象卫星资料直收站1个，我省地空天基手段互补、协同运行、交叉检验的一体化观测布局基本形成。

综合气象观测

▶ 台站珍贵历史照片

新中国成立之初,湖南仅保留长沙、常德、芷江、郴州、衡阳、沅陵、茶陵 7 个气象站,观测项目包括气压、气温、湿度、风、云、降水、蒸发、日照和天气现象等。

▲ 岳阳气象观测站

▲ 雪峰山金石桥观测场

▲ 气象工作者通过观测动物来辅助预测天气

▲ 手工编制气象报表

▲ 20世纪60-80年代，人工制作天气预报

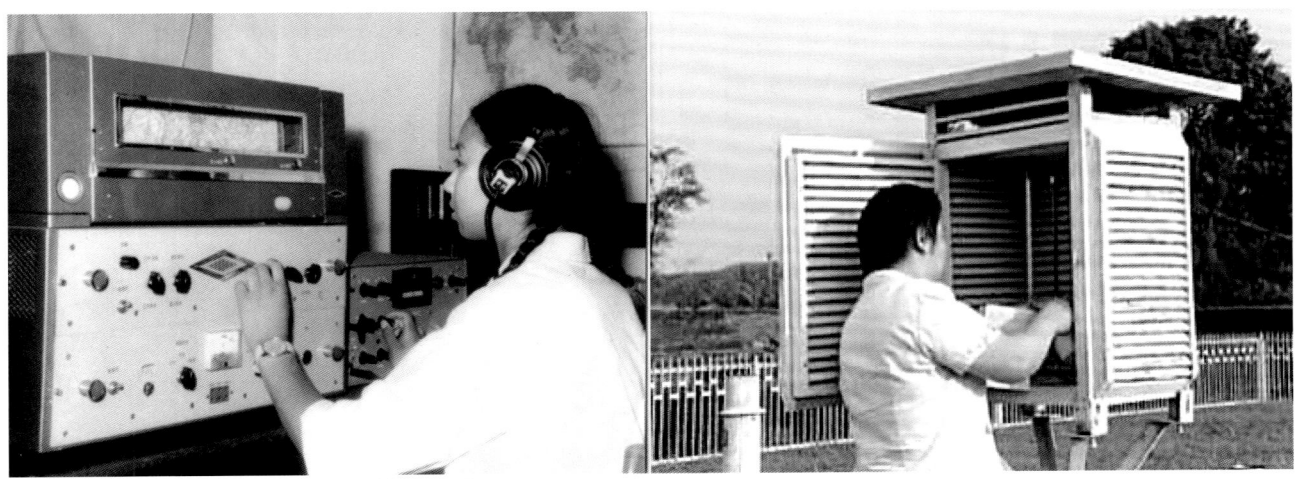
▲ 20世纪60-80年代，人工观测气象要素

▲ 观测员施放探空气球

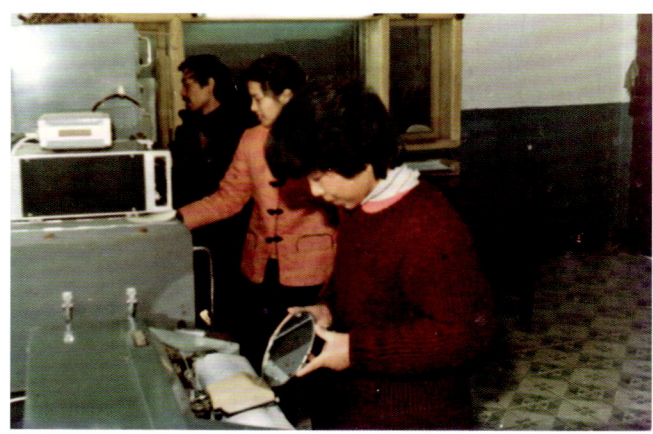
▲ 1988年12月10日，娄底市气象局气象台值班室正在收传真

▲ 1997年7月，娄底市观测员用算盘进行观察报表统计

▲ 电线积冰测量

各地气象站发展变迁

▲ 1954 年的岳阳县气象站

▲ 20 世纪 50 年代的南岳高山气象站

▲ 岳阳国家基本气象站是中国气象局授牌的全国首批"中国百年气象站"之一

▲ 现在的南岳气象站

▲ 现在的岳阳国家气候观象台

▲ 20 世纪 70 年代的长沙马坡岭气象站

▲ 位于橘子洲的海关原址，长沙测候所于 1909 年在这里建立

▲ 2018 年拍摄的长沙莲花国家气象站全景图

▲ 长沙综合气象观测试验基地是中国气象局首批批准的全国 5 个综合气象观测试验基地之一

▲ 现在的长沙莲花国家气象站鸟瞰图

▲ 现在的长沙莲花国家气象站观测场

▲ 现在的常德花山观测场

现在的湘潭标准化观测场 ▶

地面气象观测网

湖南现有国家级地面气象观测站 97 个，包括国家基准气候站 5 个、国家基本气象站 30 个、国家气象观测站 62 个；区域气象观测站 3400 多个（其中 324 个为骨干站，按照中国气象局下发的《气象观测站分类及命名规则》，即将升级命名为国家气象观测站）。

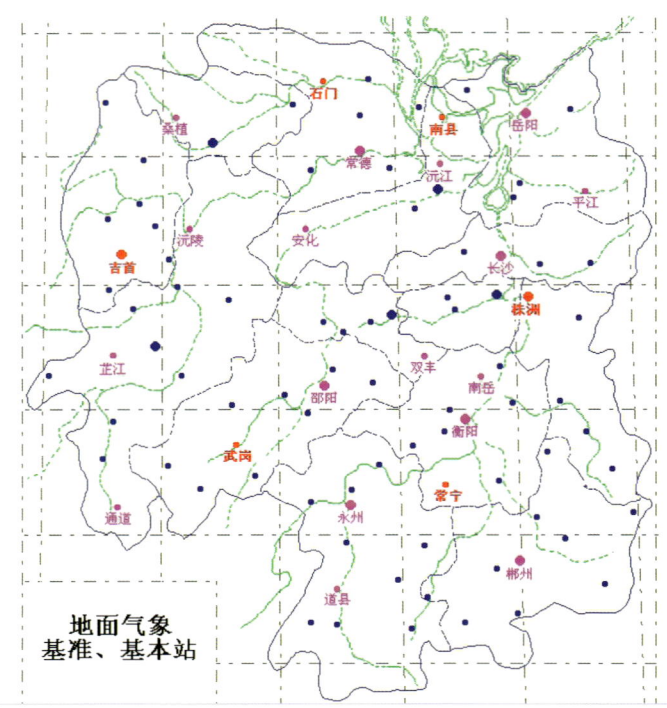

▲ 国家级地面气象观测站点

▲ 自动气象站（全省 97 个）

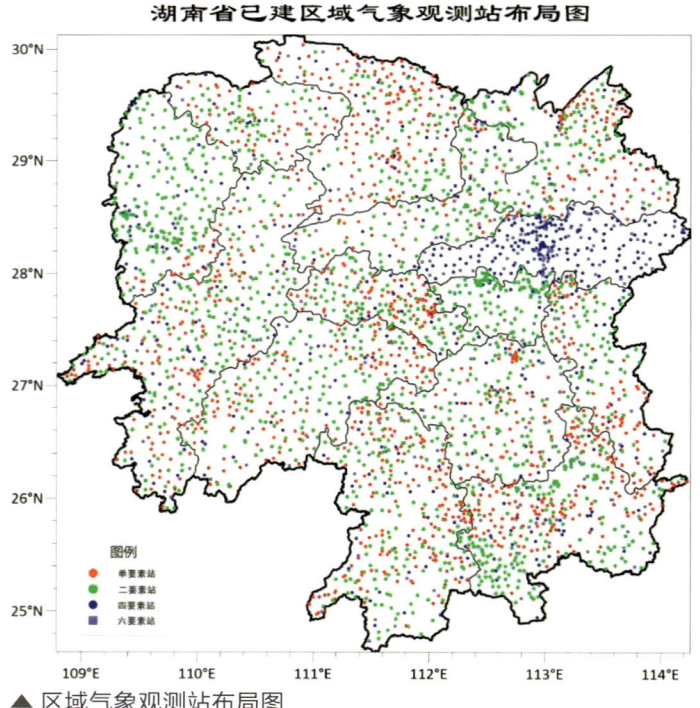

▲ 区域气象观测站布局图

▲ 雷电探测仪（全省 10 个）

▶ 天气雷达网

湖南现有 11 部新一代天气雷达（除株洲、湘西州和娄底 3 市州新一代天气雷达正在建设中，其他 11 个市均已建成），娄底市、湘西自治州建有 713 数字天气雷达，长沙还建有风廓线雷达以及风云三号、风云四号气象卫星资料直收站。

▲ 长沙黑麋峰雷达

▲ 娄底雷达

▲ 怀化雷达

▲ 衡阳雷达

▶ 高空气象观测网

湖南现有长沙、怀化、郴州3个高空气象观测站。

▲ 长沙市马坡岭L波段探空雷达

◀ 长沙莲花探测基地高空雷达

▶ 移动气象观测

◀ 移动气象观测车

移动气象观测车 ▶
内视频会议

▲ 移动雷达车

▲ 2010年6月,移动雷达车赴益阳桃江防汛前线指挥

▶ 气象观测及相关业务系统

▲ 全国综合气象信息共享平台（CIMISS 平台）

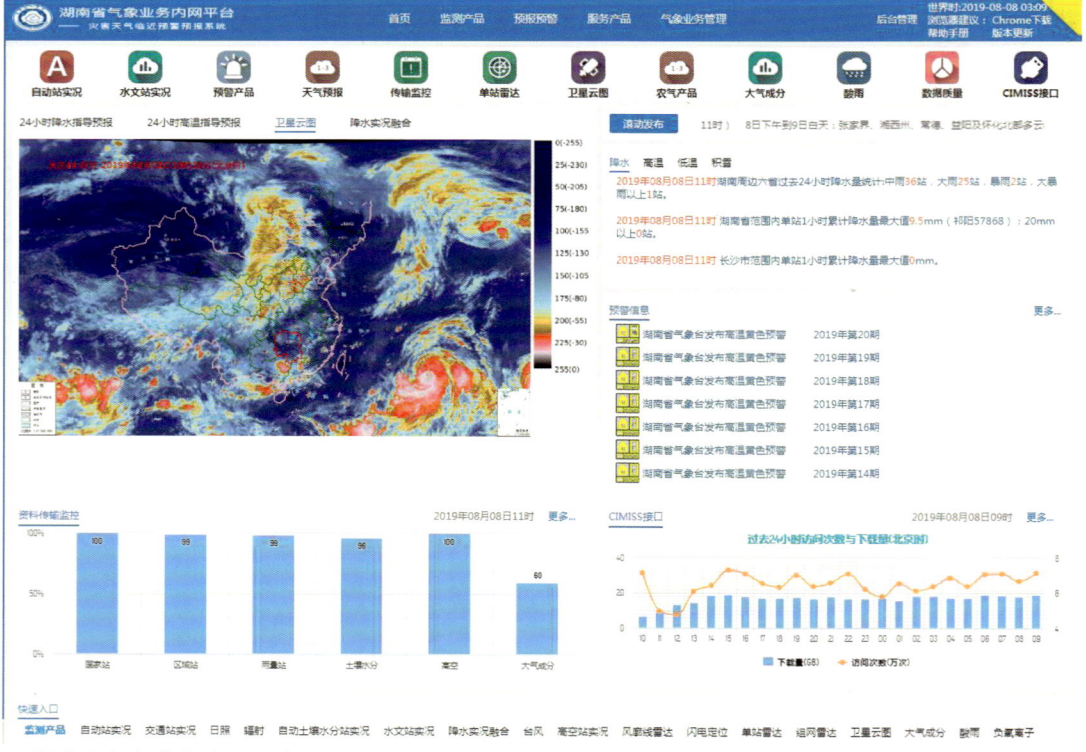

▲ 湖南省气象业务内网平台

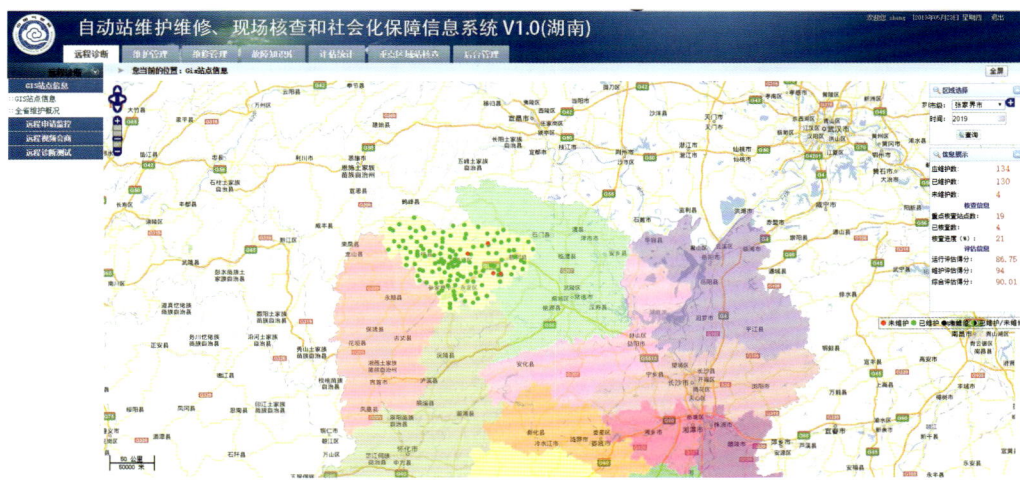

▲ 自动站维护维修、现场核查和社会化保障信息系统

▲ 装备保障业务一体化系统

▲ 运行监控业务系统（ASOM 系统）

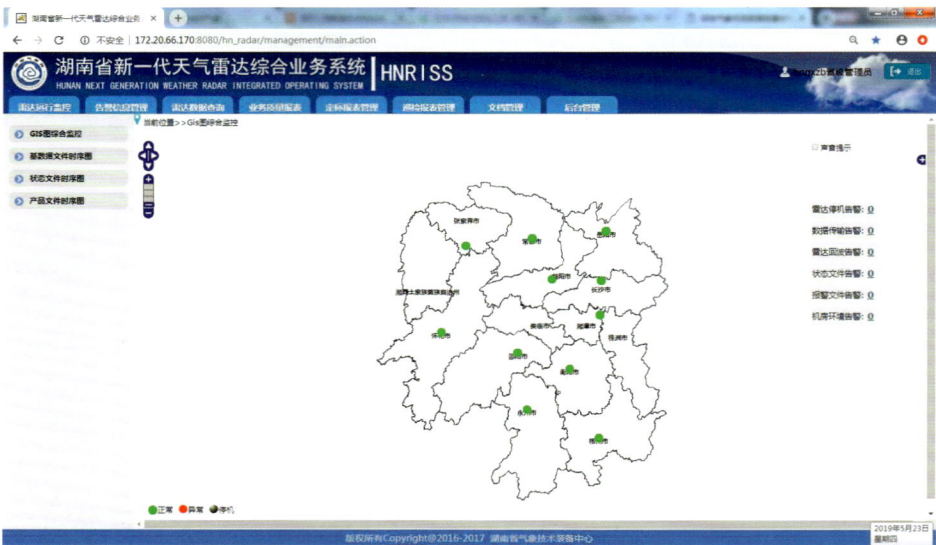

▲ 湖南省新一代天气雷达综合业务系统

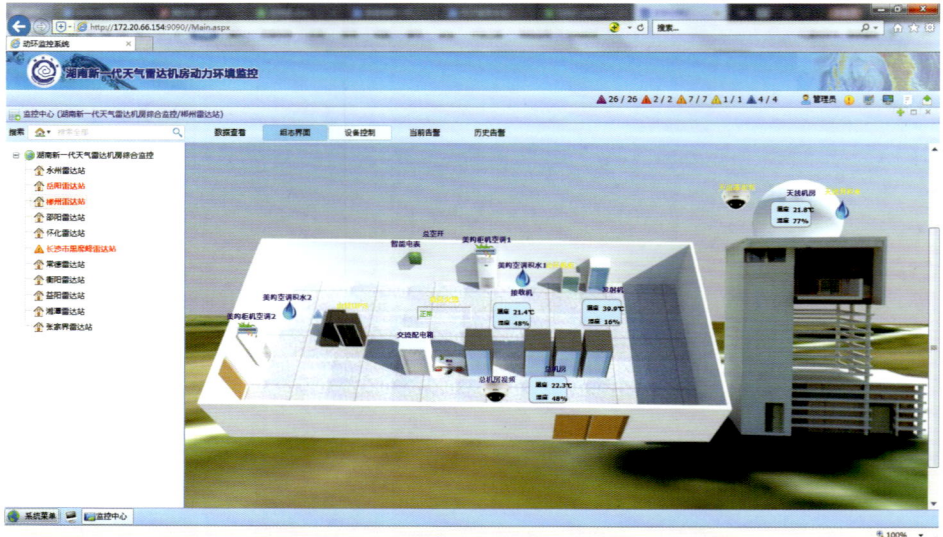

▲ 湖南省新一代天气雷达机房动力环境监控系统

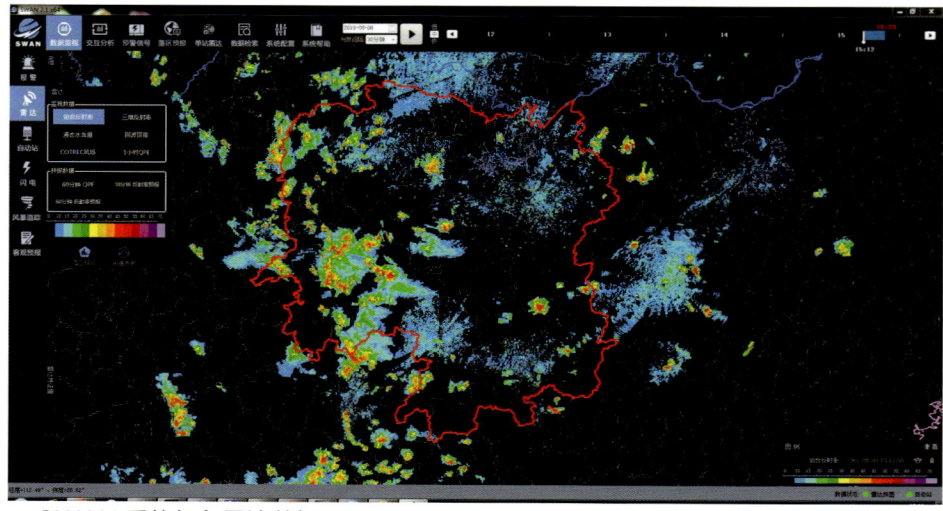

▲ SWAN 系统气象雷达数据界面

▲ 气象资料业务系统（MDOS 系统）

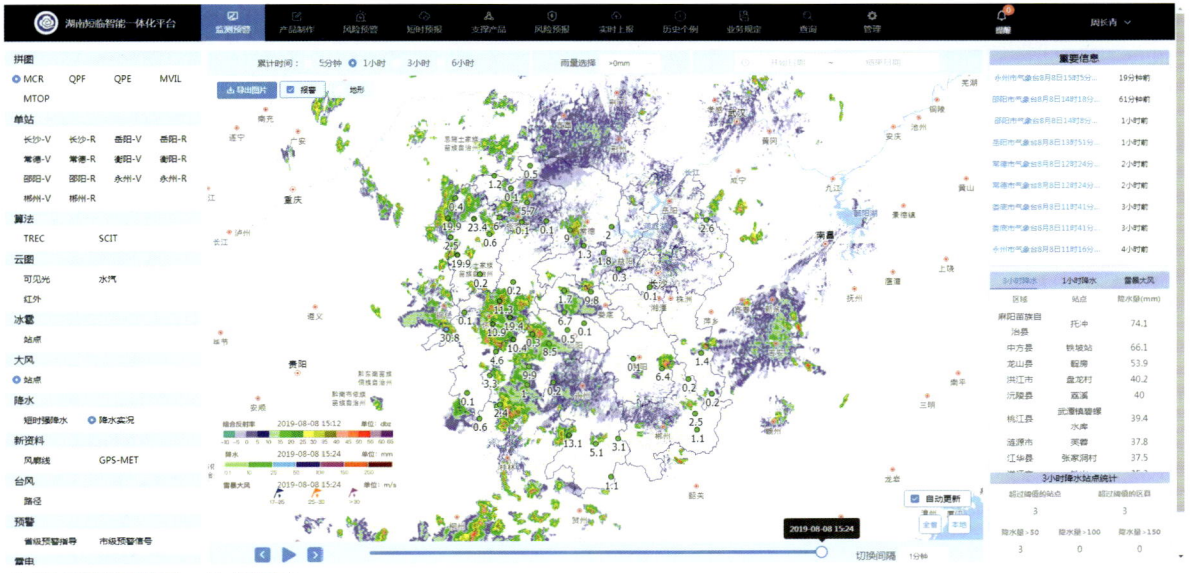

▲ 湖南短临智能一体化平台

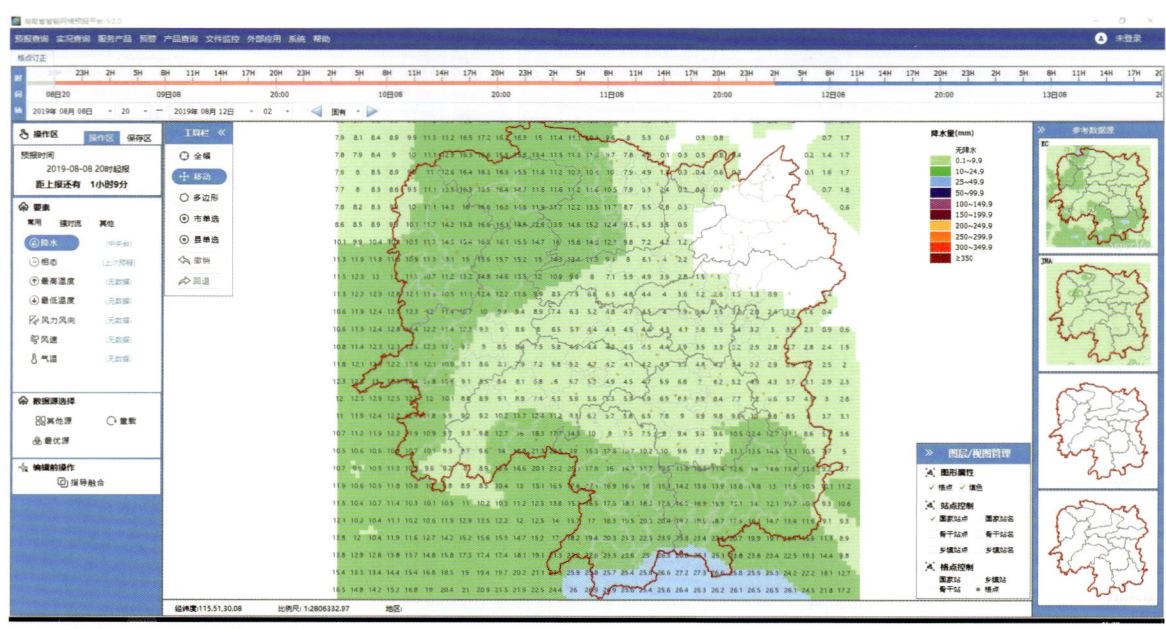
▲ 湖南省智能网格预报平台

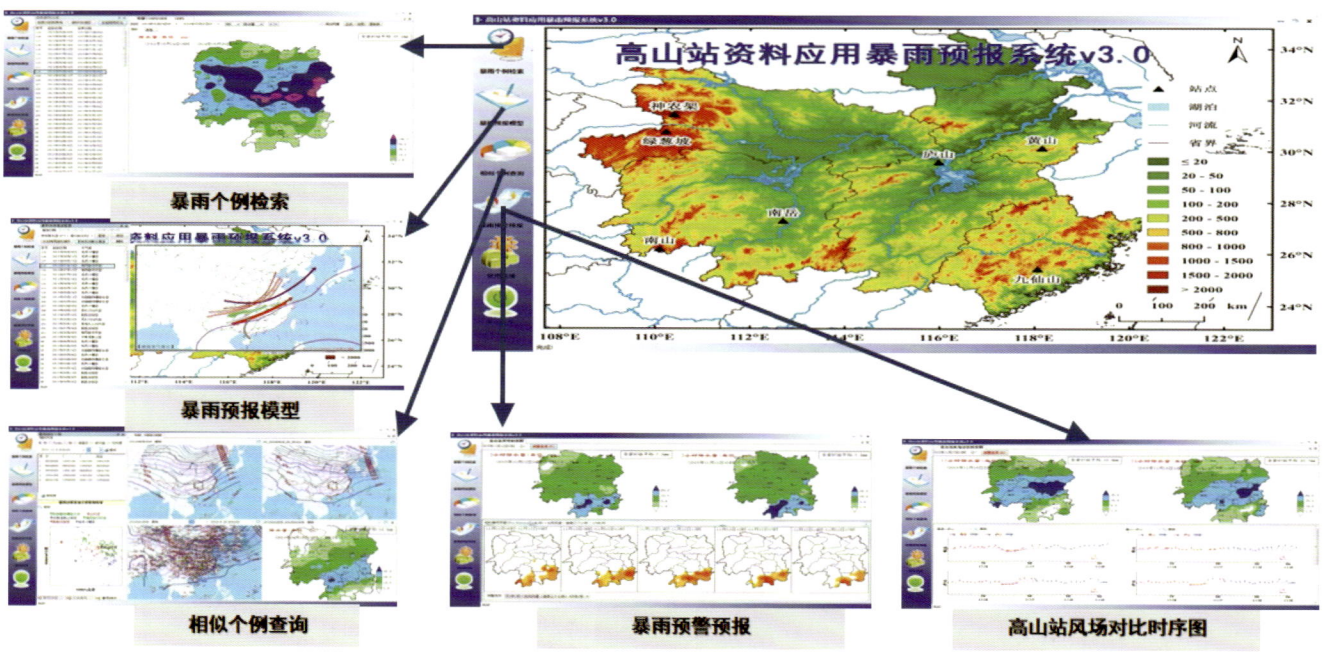
▲ 高山站资料应用暴雨预报系统

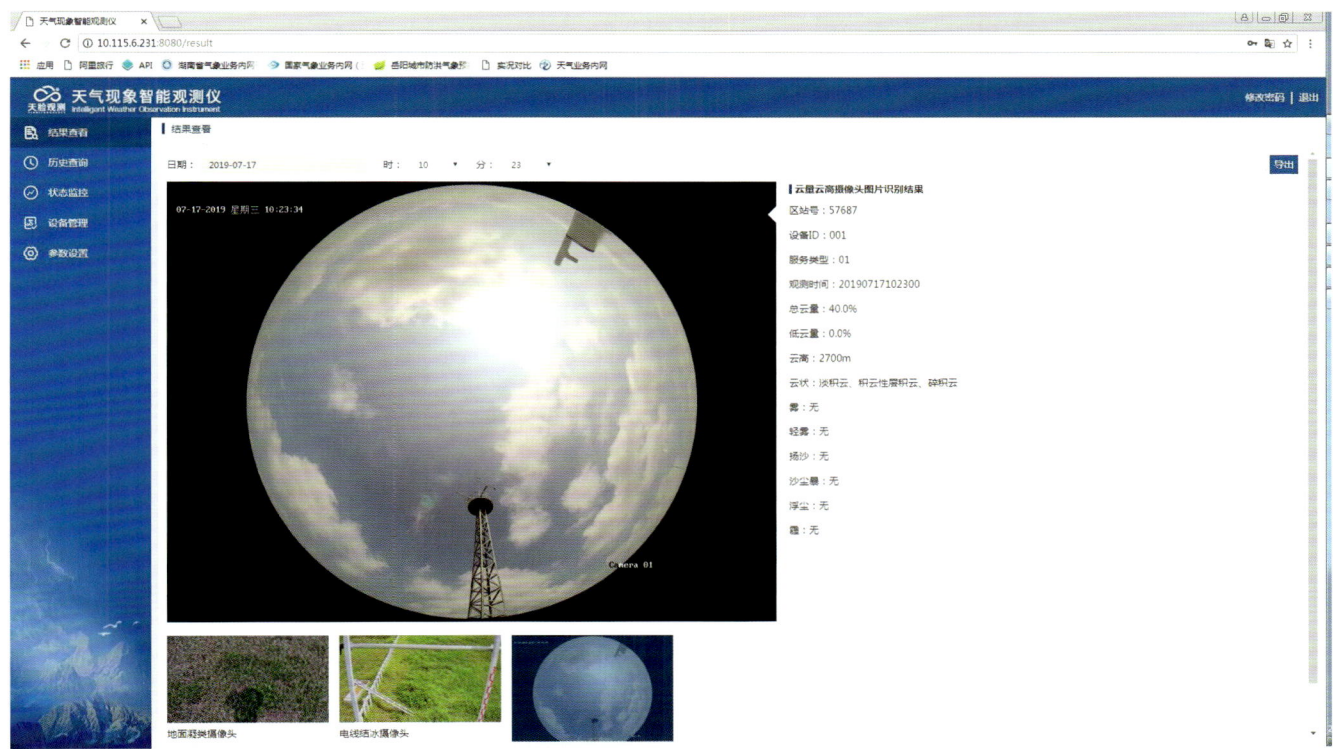

▲ 天气现象智能观测仪（结果查看界面）

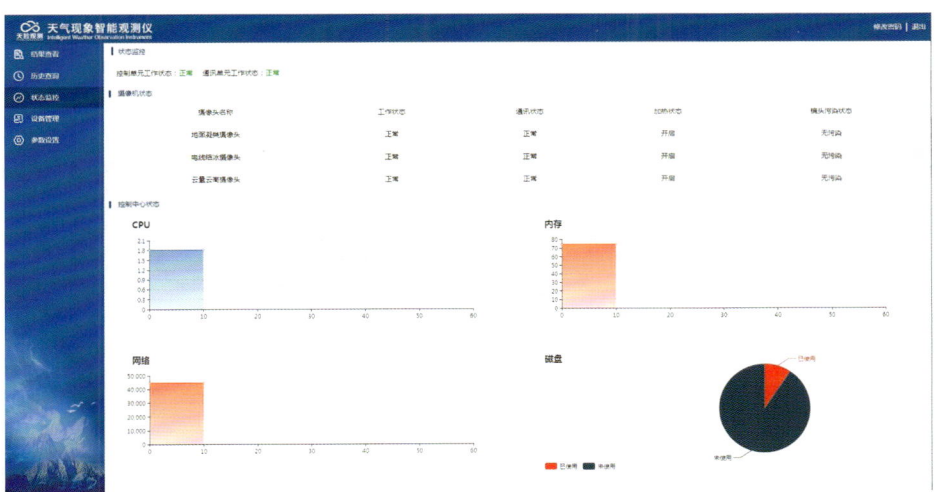

▲ 天气现象视频智能观测仪（状态监控界面）

▲ 天气现象视频智能观测仪

现代化的业务环境

经过几十年的发展，湖南省气象局及其市、县气象局都建成了现代化的业务环境，跟上了信息时代的步伐。

▲ 湖南省气象台

▲ 湖南省气象台办公室

▲ 益阳市气象局业务平面

▲ 岳阳市气象局业务平面

▲ 宁乡市气象局业务平面

▲ 郴州市气象局业务平面

▲ 株洲市气象局业务平面

▲ 晨晖中的湖南省气象预警中心

▲ 湖南省气象预警中心公共气象服务平面

气象科技创新篇

随着新中国气象事业的发展,湖南气象职工队伍的规模和质量,以及各级领导班子建设基本达到与事业发展相适应的水平,专业结构和人才结构不断优化,基本形成了一支以大气科学、天气动力、应用气象、通信与卫星遥感、计算机及信息技术专业为主的气象科技人才队伍。特别是党的十八大以来,湖南省局持续推进人才优先发展战略,人才队伍建设呈现良好态势,2013年获得国家科技进步特等奖,主持的项目获湖南省科技进步一等奖。省局采取3.5+1模式选拔培养了大批优秀本科毕业生充实基层台站,基本实现了站站有本科生。

人才队伍建设及业务研讨交流

湖南省气象科学研究起步于20世纪50年代，1959年正式成立湖南省气象科学研究所。2000年获批省部共建的气象防灾减灾湖南省重点实验室，2001年成立湖南省气象科技创新基地。改革开放以来，全省气象部门取得了一大批研究成果，先后有近百项成果获得省部级以上科技进步奖。

▶ 早期的气象人才队伍

▲ 1981年6月30日，湖南省气象学校七八届中专班毕业合影

▲ 1982年1月5日，湖南省气象学校七九级大专班毕业合影

▶ 机构建设

▲ 1995年3月4日，召开全省气象事业结构调整现场会暨局长研讨会

▲ 2000年12月4日，省部共建成立气象防灾减灾湖南省重点实验室

◀ 2003年4月30日，湖南省科学技术协会等部门的领导、专家出席"湖南省气象科技咨询服务中心"成立挂牌仪式

2007年12月，湖南省科技厅专家组 ▶ 检查评估湖南省气象防灾减灾重点实验室（科研所）

▲ 2015年1月29日，中国气象局干部培训学院湖南分院体验式教学基地授牌仪式

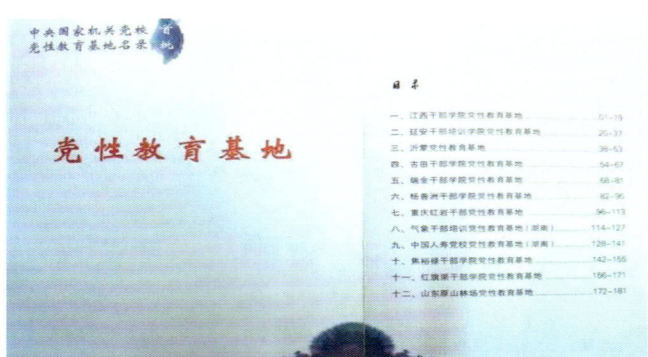

▲ 气象干部培训党性教育基地（湖南）进入中共国家机关党校党性教育基地名录（2018年）

▶ **专家题词**

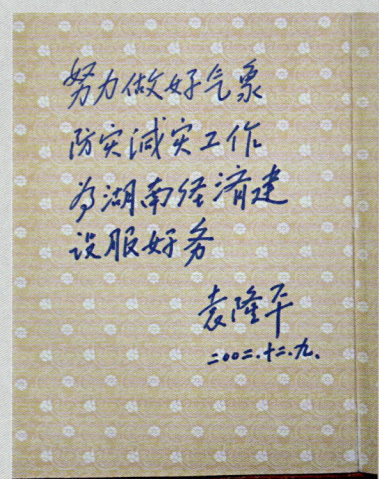

▲ 2002年12月9日，世界杂交水稻之父袁隆平院士来省气象科研所指导工作并题词

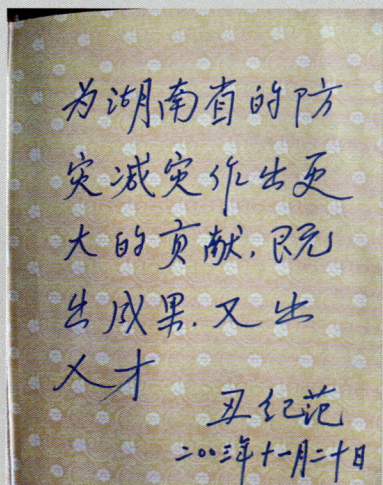

▲ 2003年11月，中国科学院丑纪范院士来省气象科研所指导工作并题词

▶ 业务交流

▲ 2005年,湖南省气象局成立50周年暨"3·23"世界气象日座谈会

▲ 2006年7月,湖南省气象局科技业务骨干选拔答辩会

▲ 2009年召开的全省气象部门人才工作座谈会

▲ 2018年2月,提升气象业务现代化能力,开展智能网格预报业务研讨

◀ 2018年召开的湖南省气象科技创新团队评估会

▶ 荣获奖励

▲ 2013 年,由省气象局牵头完成的《湖南省极端气象灾害预警评估技术体系研究与示范应用》成果获湖南省科技进步一等奖,省领导徐守盛、杜家毫、陈求发等出席颁奖仪式

▲ 2018 年 1 月 26 日,全国预报竞赛队员合影,获得团体第二名

▲ 2018 年 5 月 3 日,湖南省气象台唐佳获得湖南省五一劳动奖章

创新成果和荣誉展示

▲ 发挥气象防灾减灾第一道防线作用,图为东洞庭湖水上安全平台实时监控

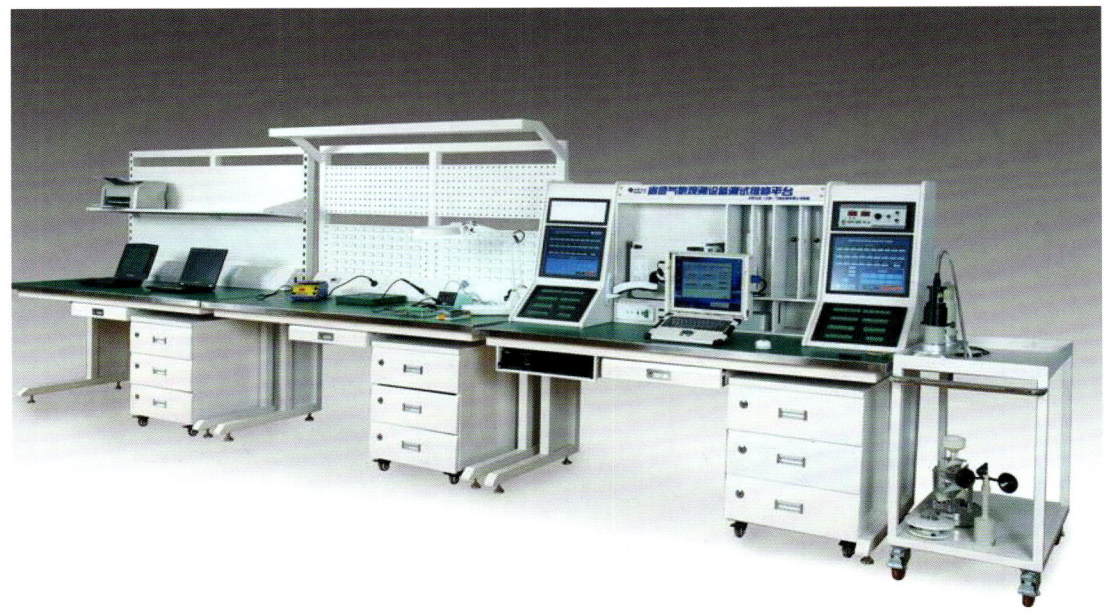

▲ 省级测试维修平台(省气象装备中心)

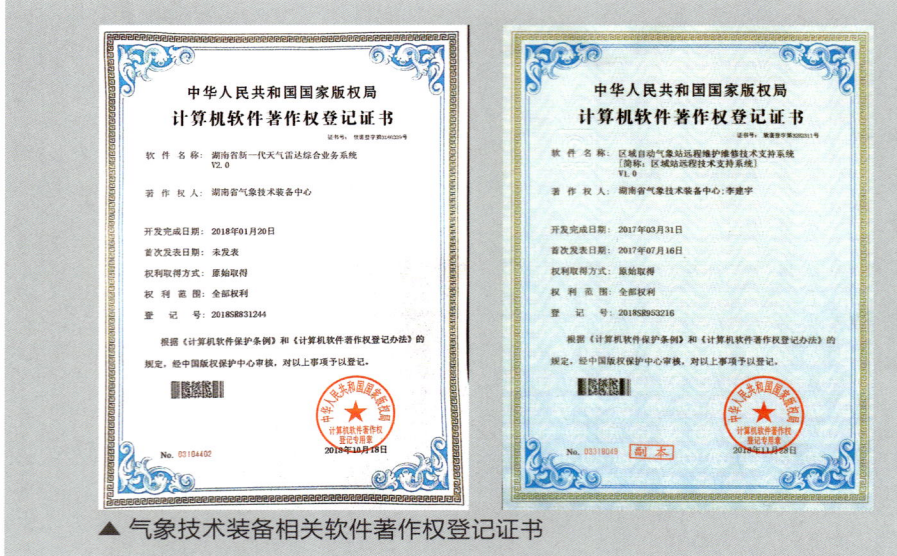

▲ 气象技术装备相关软件著作权登记证书

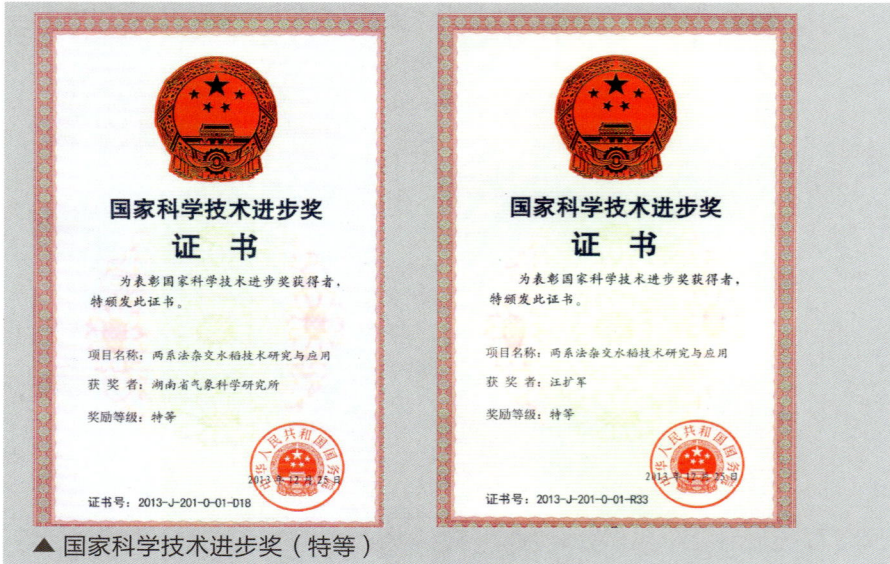

▲ 国家科学技术进步奖（特等）

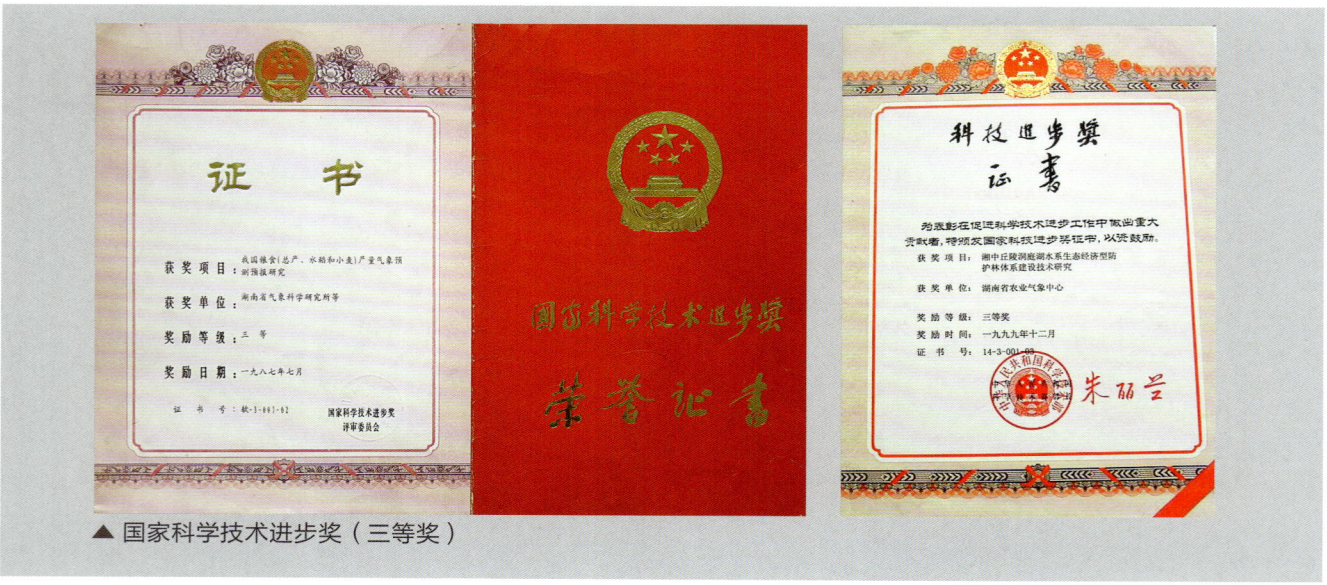

▲ 国家科学技术进步奖（三等奖）

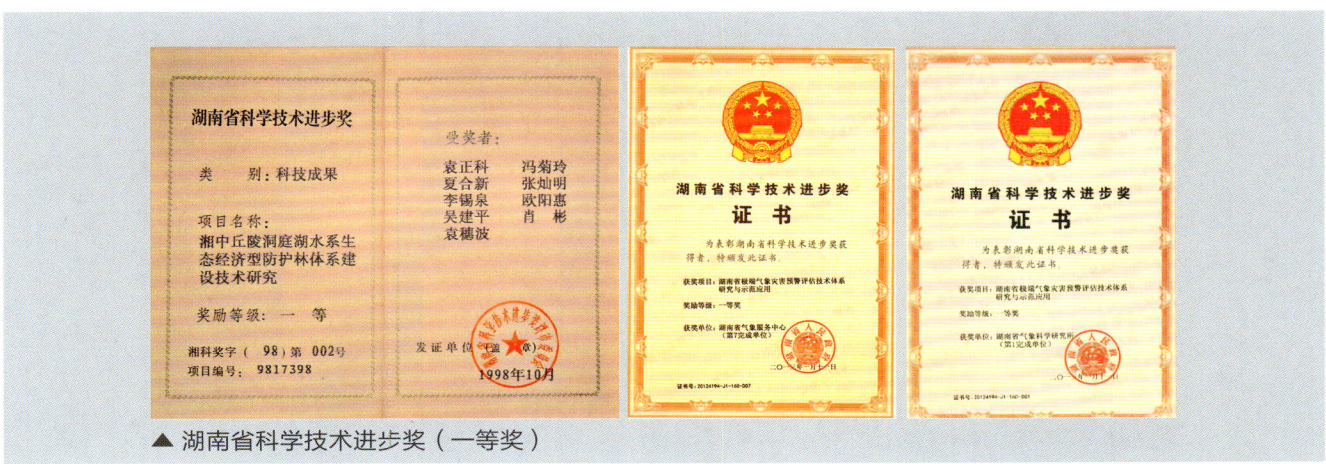

▲ 湖南省科学技术进步奖（一等奖）

▲ 湖南省科学技术进步奖（二等奖、三等奖）

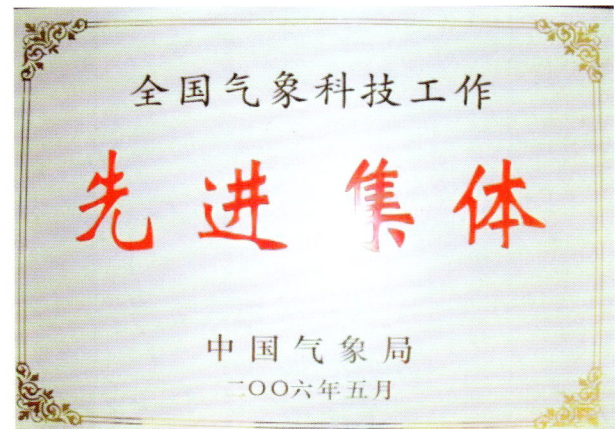

▲ 全国气象科技工作先进集体

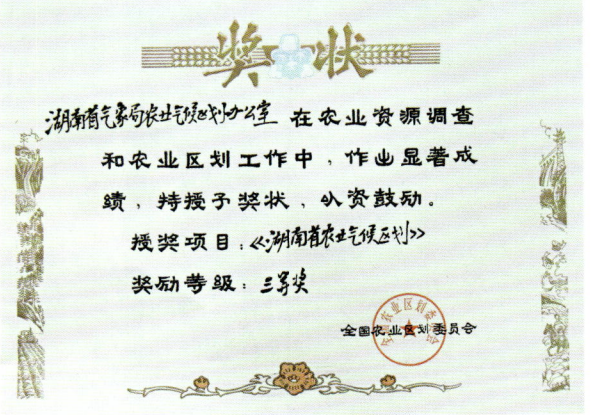

▲ 全国农业区划委员会奖励（三等奖）

科普宣传活动

▶ "应对气候变化中国行——走进湖南"大型科普考察活动

2013年4月,"应对气候变化中国行——走进湖南"大型科普考察活动启动仪式在湖南省气象预警中心举行。活动主题是环洞庭湖应对气候变化与两型社会发展。环洞庭湖区是气候变化的敏感区域,气候变化对该地区水资源、农业、生态、社会经济等都将产生深远影响。

参加此次考察的媒体来自人民日报社、中央人民广播电台、科技日报社、中国天气网、中国气象报社、《气象知识》杂志、中国气象频道、湖南日报社、红网等,考察期间每天以多种媒介形式发布考察见闻和感受。

▲ 2013年4月22日,"应对气候变化中国行——走进湖南"考察活动正式启动

▲ 袁隆平院士接受记者采访,并为活动签名　　▲ 考察组采访关山村气象信息员周舟

"点亮风雨长征路——气象防灾减灾潇湘行"活动

2016年3月,以纪念世界气象日为契机,由湖南省气象局、湖南省气象学会、湖南红网联合主办的"点亮风雨长征路——气象防灾减灾潇湘行"活动,沿着红军长征足迹,走进郴州、永州、邵阳、怀化、张家界5市及其桂东、宁远、城步、通道、溆浦、桑植6县,开展气象防灾减灾和应对气候变化方面的考察调研工作。

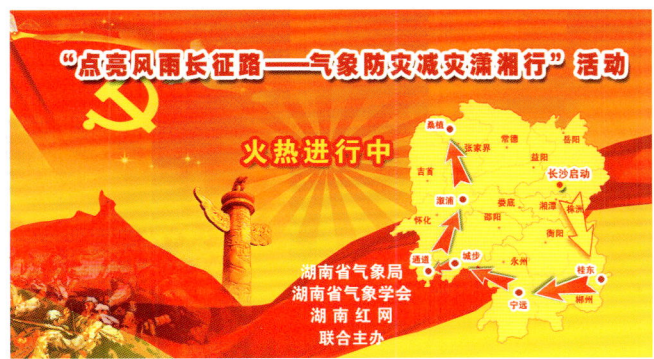
▲ "点亮风雨长征路——气象防灾减灾潇湘行"活动宣传页

▲ 在城步,县气象局局长李文明向记者介绍气象防灾减灾情况

◀ 在桂东,县林业局野生动植物保护专家王汉仁接受记者采访

▲ 调研组走进贺龙纪念馆

"流动气象科普万里行——走进湖南"活动

2017年4月,由中国气象局主办,湖南省气象局、湖南省气象学会承办的"流动气象科普万里行——走进湖南"活动在中国气象局长沙综合气象观测试验基地启动。4月11—13日,"流动气象科普万里行"活动小组倡导"进社区""进农村""进学校"的理念,先后走进咸嘉新村社区、沅江市胭脂湖街道办事处三眼塘村、长沙市第二十一中学,推进气象科普工作向基层延伸。

◀ "流动气象科普万里行——走进湖南"启动仪式现场

中国气象局宣传与科普中心副主任陈云峰 ▶
向湖南省气象局授旗

▲ 社区居民接受中国气象频道记者采访

▲ 长沙市第二十一中学师生向记者介绍气象观测设施

▲ "流动气象科普万里行——走进湖南"进校园活动人员合影

▲ 在沅江市胭脂湖街道办事处三眼塘村，气象局员工以小品形式演绎气象工作者的日常服务工作

▲ 活动组听取咸嘉新村社区工作人员介绍

▲ "流动气象科普万里行——走进湖南"进农村活动人员合影

省局"3·23"宣传科普活动

近年来，湖南省气象局抓住关键时间节点，创新气象科普"四进"活动，每年组织丰富多彩的世界气象日科普宣传活动，得到社会各界的广泛关注。通过线上线下互动体验等形式，提高公众气象科学认知水平。

▲ 2014年3月17日，气象科普走进湖南农业大学，开展"气象志愿者招募"活动

▲ 2014年3月21日，气象科普走进湖南师范大学，举行"天气与气候：青年人的参与"的气象科普报告会，图为学生认真翻阅气象科普读物

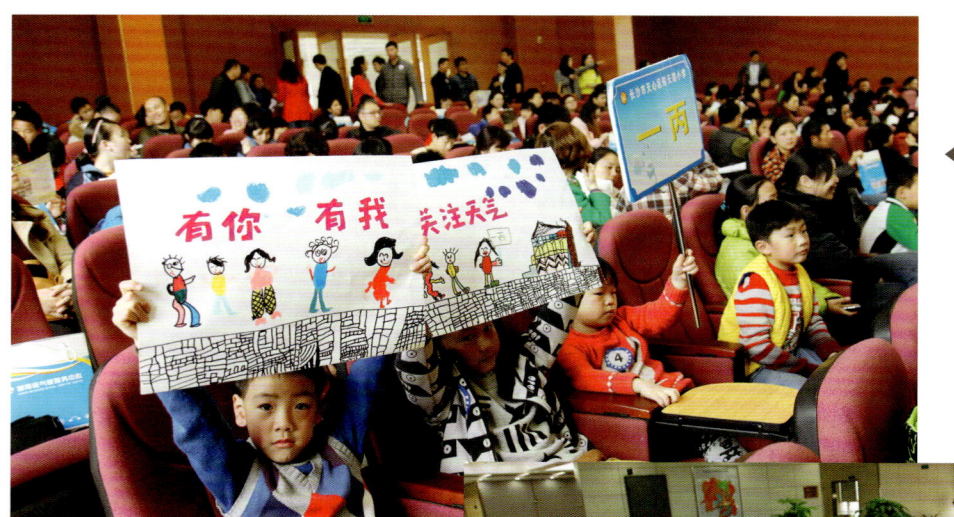

◀ 2015年3月21日，湖南省气象局、湖南省气象学会、湖南省直团工委、湖南电影频道联合举办"关注天气 有你有我"气象科普公益大讲坛，吸引了400多名中小学生及家长参加

2015年3月21日，中小学生参观▶湖南省气象台

▲ 2015年3月21日，环保企业工作人员做趣味科学实验

▲ 2016年世界气象日主题为"直面更热、更旱、更涝的未来"，3月14日，湖南省气象局气象志愿者们赶赴湘潭大学，与该校的志愿者们一起开展了一次别开生面的气象科普宣传和气象志愿者招募活动

▲ 2017年3月，湘西自治州气象局开展世界气象日科普讲座

▲ 2019年3月23日，世界气象日开放活动通过芒果V直播与广大气象爱好者全程互动，共5万余人收看了此次网络直播

气象管理体制篇

气象部门实行统一领导、分级管理、气象部门与地方人民政府双重领导、以气象部门领导为主的管理体制,并逐步完善了与之适应的双重计划财务体制。实践证明,这种管理体制是适应中国国情和气象事业发展需求的,为保障和促进各地气象事业又好又快发展发挥了重要作用。在中国气象局和湖南省委、省人民政府的正确领导下,湖南省气象局历届领导班子励精图治、真抓实干、开拓创新,为湖南气象事业的发展壮大付出了艰辛的努力,做出了突出的贡献。

气象管理体制变革

湖南气象管理体制几经变革。最初属军队建制，后又经历了中央垂直管理为主和以地方领导为主的多次反复，从1983年起实行"气象部门与地方政府双重领导，以气象部门领导为主"的管理体制，并一直延续至今。由于气象事业发展和工作需要，湖南气象部门机构变化频繁，沿革十分复杂，合并、撤销、更名的不少。2001年11月，经中国气象局批准设立市（州）级气象局14个，规格为正处级；县（市、区）气象局（站）103个，规格为正科级。这些机构数量和规格基本沿袭至今。

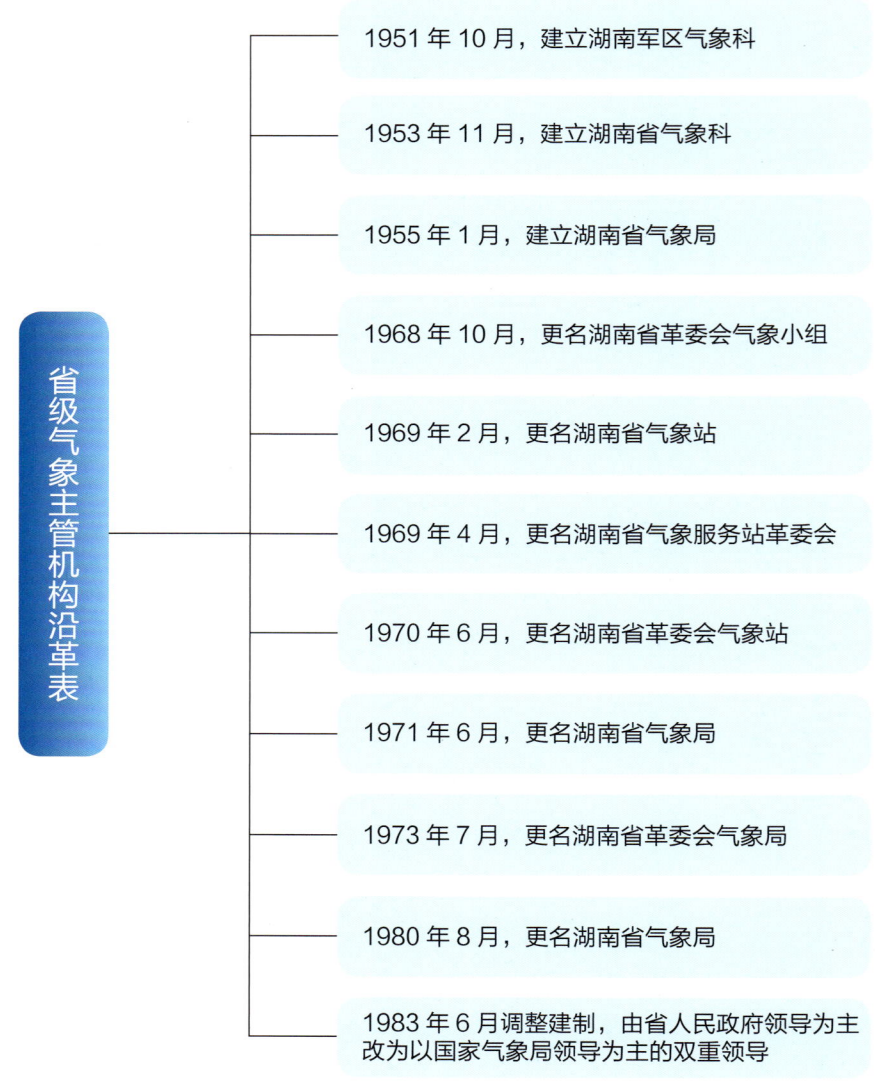

▲ 湖南省气象局主管机构沿革表

业务楼变迁情况

▲ 20 世纪 50 年代的湖南省气象局业务楼

▲ 20 世纪 70 年代的老业务楼

◀ 20 世纪 90 年代的省气象科技大楼

▲ 2011 年的湖南气象防灾减灾预警中心

历届领导人的珍贵历史照片

▲ 湖南军区气象科副科长韩效黎工作中的照片

▲ 1957年3月,湖南省第一次气象先进工作者代表会议留影(前排左五为党组书记、局长孙木林,左六为副局长韩效黎)

◀ 1958年,湖南省气象局党组成员、局长孙木林(第二排左五)与省局部分职工合影

湖南省气象局党组书记、局长孙木林(前排右二)与湘乡社教队留影 ▶

▲ 飞机人工降雨"测试仪器队会战"结束后的合影留念，湖南省气象局党委书记、政委孙德芳（前排左四），党委副书记、局长王世相（前排右三）

▲ 1978 年，湖南省气象局党组书记、局长王树桥去日本交流工作期间的照片

▲ 在湖南省农业气象工作会议上湖南省气象局党组书记、局长王树桥（前排中）同代表合影留念

▲ 省局党组成员、副局长黎锋（前排右一）和同事合影

◀ 省局党组成员、副局长陈彦彬（前排右二）与省委工作队成员合影

▲ 1986年,湖南省气象局党组书记、局长刘如湘(前排左六)在全省气象部门思想政治工作会议上与全体会议代表合影

◀ 1993年3月1日,省气象台成立40周年,湖南省局党组书记、局长沅水根(前排右四)与历届台负责人合影

▲ 1998年5月,湖南省气象局党组书记、局长张正洪(前排右二)陪同全国政协常委、中国气象局名誉局长邹竞蒙(前排左一)在湘视察气象工作

2012年7月16日,湖南省委书记、省人大常委会主任周强(前排左六)到省气象局调研指导气象工作,与湖南省气象局党组书记、局长祝燕德(前排右四)等合影

2017年1月20日,湖南省副省长戴道晋(左四)到省气象局调研指导气象工作,与湖南省气象局党组书记、局长常国刚(左五)等合影

2019年8月26日,湖南省气象局党组书记、局长刘家清(前排左七)在湖南省气象局"不忘初心牢记使命"主题教育总结大会上的合影

气象法治建设

近年来，气象法治环境明显改善。特别是党的十八大以来，湖南省气象局高度重视气象法治建设，全面推进气象依法行政，在气象立法、气象执法、气象法制宣传等诸多领域都取得了重要进展，为依法规范气象活动、依法发展气象事业提供了重要的法治保障。

气象法规与标准体系初步建成，省人大及常委会制定地方性气象法规2部，省气象部门制定气象相关国家、行业和地方标准11项，出台各类规范性文件100余个，为气象法治建设奠定了坚实基础。

▲《中华人民共和国气象法》宣传车

▲ 湖南省举行《湖南省实施＜中华人民共和国气象法＞办法》新闻发布会

▲ 省局与省人民政府法制办、省人大农业委在衡阳开展湖南省防雷立法调研，衡阳市人民政府、市人大、市农大、市农业委相关专家在座谈中就防雷立法积极建言，副市长蒋勋功参加了调研会

▲ 2009年2月26日，湖南省人大农业与农村委员会和省气象局联合举办《湖南省雷电灾害防御条例》公布实施新闻发布会，图为省人大常委会副主任蔡力峰（左四）、省政府副秘书长陈吉芳（左三）出席并讲话

全省建立健全了"省局监督、市局为主、县局配合,机构健全、制度完善、管理规范"的气象行政执法体系,全省共有气象法治管理机构15个,专兼职执法人员300余名,保障了气象法规的有效实施。

◀ 湖南省气象局代表省安委会对湘西州人民政府开展2017年度防雷安全工作考核,湘西州人民政府、安委办、安监局等有关单位对湘西州安全生产工作作了汇报,州人民政府副秘书长庞大森参加了考核会

◀ 2018年3月28日,岳阳市人大常委会执法检查组对市、县两级人民政府对气象工作的领导和保障情况、气象探测环境和设施保护情况、气象灾害防御组织管理情况、人工影响天气工作开展情况以及防雷安全监管情况等开展检查。执法检查组由市人大常委会副主任赵岳平任组长,市人大农业委主任委员曾君华任副组长

◀ 2018年9月27日,长沙市副市长李蔚率安监、气象、农业、林业、消防等单位领导和技术人员组成的检查组对中石化长水石油分公司长沙油库安全生产工作进行检查。特别强调气象部门在做好监管的同时要做好防雷技术指导和防雷减灾知识的普及,为安全经营做好保障

▲ 湖南省气象局签订气象观测环境保护责任书

▲ 2013年2月，湖南省推进依法行政工作领导小组办公室发布考核通报，湖南省气象局被评为2012年度全省依法行政优秀单位，在中央驻湘优秀单位中排名靠前

"放管服"行政审批制度改革积极推进，省、市、县三级所有气象行政许可和政务服务事项全部纳入政府政务服务中心，实行"一站式""一张网""一张表""一流程"审批办结，审批效能和依法履职能力进一步增强。科学民主依法决策机制初步建成，行政决策水平显著提高。气象普法宣传形式多样，营造了良好的气象法治环境与氛围。

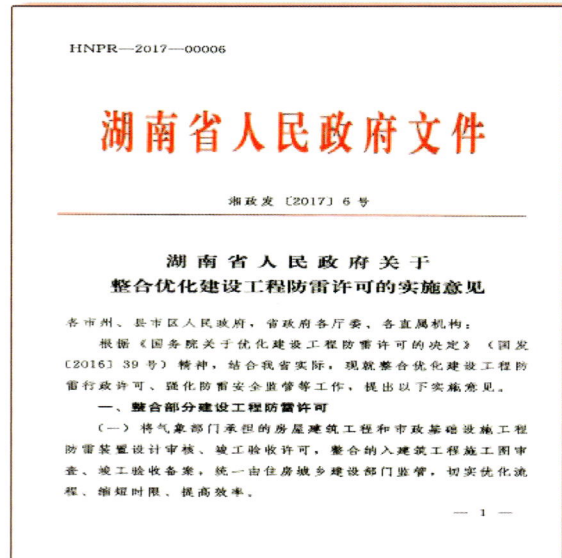

▲ 2017年1月5日，省人民政府下发《湖南省人民政府关于整合优化建设工程防雷许可的实施意见》（湘政发〔2017〕6号）

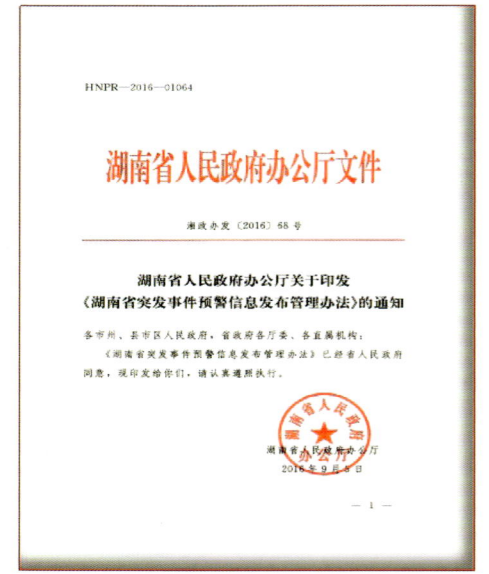

▲ 2016年9月5日，省人民政府办公厅印发《湖南省突发事件预警信息发布管理办法》（湘政办发〔2016〕68号）

▲ "第八届中国国际防雷论坛"于2010年11月3-4日在湖南省长沙市召开。此次论坛由中国气象学会雷电防护委员会主办、湖南省气象局和中国气象科学研究院协办,主题是"雷电防护科学与技术发展",开幕式上还颁发了"'爱劳杯'优秀论文"奖

顺应国家改革要求,不断深化防雷减灾体制改革,健全防雷安全监管体系,构建了行政管理、基本业务、技术支撑、市场化服务"四位一体"的防雷减灾工作新格局。

▲ 2015年,溆浦县山背村防雷项目通过验收,该项目为山背村创建了一个全方位、立体式的雷电防御体系。这是湖南省启动严重雷击农村雷电灾害综合防御体系建设的良好开端,也是省委、省人民政府加快地区脱贫攻坚和实现乡村振兴的重要举措

▲ 2019年,省防雷中心青年志愿服务小组深入建筑工地开展防雷减灾科普宣传活动。志愿者向工人们详细讲解了雷电的基本知识、雷电的危害及其影响、雷电的防御知识等,向建筑单位积极宣传雷电防护相关法律法规,促进防雷重点单位科学防雷防静电,保障安全生产

开放合作篇

2013年8月,中国气象局和湖南省人民政府签署共同推进气象服务湖南经济社会发展合作协议;2014年,湖南省人民政府出台《关于加快推进气象现代化的意见》,进一步加快了湖南气象现代化进程。

▲ 2013年8月4日，中国气象局与湖南省人民政府签署了共同推进气象服务湖南经济社会发展合作协议。中国气象局党组书记、局长郑国光，副局长矫梅燕，省委副书记、省长杜家毫，副省长张硕辅等领导出席签约仪式

局市合作

2013年11月22日,湖南省气象局同长沙市人民政府签署共同推进气象服务长沙经济社会发展合作协议。省气象局副局长何逸(左)、长沙市副市长黎石秋(右)代表双方签字

2013年12月6日,湖南省气象局与永州市人民政府签署加快永州气象现代化建设合作协议

2014年10月15日,湖南省气象局与常德市人民政府签订局市合作协议

2014年12月13日，湖南省气象局与湘西州人民政府签订局州合作协议

2015年5月20日，湖南省气象局与湘潭市人民政府签订局市合作协议

2015年11月13日，湖南省气象局与张家界市人民政府签订局市合作协议

▲ 2016年1月19日，湖南省气象局和郴州市人民政府签署合作协议

▲ 2016年11月8日，推进气象服务邵阳经济社会合作协议签约仪式

◀ 2016年12月27日，娄底市人民政府和湖南省气象局合作协议签约仪式

2017年4月20日，湖南省气象局与 ▶
株洲市人民政府签署合作协议

部门合作

2008年12月5日，湖南省林业生物灾害气象预警预报合作协议签字仪式

2009年6月1日，湖南省气象局与中国电信湖南分公司举行全面合作框架协议签约仪式

2012年8月22日，湖南省气象局同部队签署合作协议

2013年12月23日,湖南省气象局同省环境保护厅签署合作协议

2014年7月28日,湖南省气象服务中心联合友谊阿波罗开展特品汇招商大会

2015年2月10日,湖南省气象局同省森林防火指挥部签署合作协议

▲ 2018年8月1日,湖南省气象局同中国人民财产保险股份有限公司湖南分公司签署战略合作协议

▲ 2018年12月13日,湖南省气象局同省交警总队就推进交通安全气象服务签署会议纪要

▲ 2019年1月19日，由湖南省文化和旅游厅指导，中国天气网、湖南省气象学会主办，湖南省气象服务中心承办的中国（湖南）气候旅游胜地创建活动启动仪式暨"十佳冬季气候旅游胜地"评选结果发布会

▲ 2019年3月20日，湖南省气象局同中国铁塔股份有限公司湖南分公司签署合作协议

▲ 2019年5月21日,湖南省气象服务中心与省林业产业管理办公室开展合作协议签约仪式

▲ 2019年7月25日,中国天气网、湖南省气象学会和湖南省旅游学会举办了"夏季避暑旅游目的地"发布会暨气候旅游发展论坛

对外交流

▲ 1990年1月21日,省科研所副所长陈历舒访问美国国家海洋大气管理局人工影响天气办公室

▲ 2008年11月,在新喀里多尼亚首都努美阿举办的第六届国际亚太遥感大会上,省科研所专家进行学术交流并与外国朋友交流

▲ 2014年12月4日,俄罗斯国家农业气象研究所地理学部专家赴湘,与湖南省气象局科研工作者召开学术交流座谈会,并赴岳阳市平江县气象局调研

▲ 2017年9月21日，美国国家天气局尼尔·迪帕斯奎尔先生带领专家访问团到省气象技术装备中心进行技术交流

◀ 2018年10月15日，省气象局联合澳大利亚气象局顺利完成湖南首个国际气象科技合作项目"亚澳季风中的大气河水汽输送及其对季风降水影响的研究"

◀ 2019年6月26—29日，省气象局圆满完成第一届中国-非洲经贸博览会服务工作

▲ 2014年11月22日至12月12日，省气象科研所科技人员访问澳大利亚

院校合作

2015年10月26日，中国气象局气象干部培训学院与韶山毛泽东同志纪念馆签订"气象干部培训党性教育基地"共建协议。中国气象局党组副书记、副局长、中国气象局气象干部培训学院院长许小峰，韶山管理局副局长刘元美出席签约仪式

2015年12月24日，中国人民解放军95871部队与中国气象局气象干部培训学院湖南分院签署军地战略合作框架协议

2016年3月，岳阳市气象局与耶鲁大学－南京信息工程大学大气环境中心签署合作协议

◀ 2016年7月28日，常德市气象局与湖南文理学院签署局校合作协议

◀ 2018年7月4日，湖南省气象台与湖南师范大学信息科学与工程学院签署合作协议

◀ 2019年4月17日，中国气象局党校湖南分校与湖南第一师范旧址纪念馆共建"党性教育现场教学基地"

党建和精神文明建设篇

湖南省气象部门大力推进全面从严治党,构建"横向到边、纵向到底"的党建工作责任体系,强化思想理论武装,全面开展党支部"五化"建设,党组织的政治核心作用和党员的先锋模范作用不断增强,涌现了赵春吾、黄晓霞、覃国振、廖玉芳等一大批具有强烈时代感的先进模范人物。同时着力推进精神文明建设和气象文化建设,气象人精神进一步发扬光大,2004年湖南省气象部门被授予全省"文明行业"称号,相继有6个单位建成全国文明单位,36个单位建成省级文明单位。

政治引领，凝心聚力

▲ 省气象局组织党员干部重温入党誓词

◀ 2015年7月,湖南省气象局学习彭总精神践行"三严三实"专题党课

2017年10月,收看党的十九大开幕式 ▶

▲ 2010年6月,获评省直机关工委"先进党组(党委)中心组",并在大会上作经验交流

▲ 先进党组中心组奖牌

2018年1月22日，邵阳市气象局开展"党的十九大精神"进企业微课堂宣讲

▲ 2017年9月，湘西州气象局"走新城、看新区、增信心、强奉献"主题党日活动

"两优一先"表彰大会 ▶

廉政建设，正风肃纪

湖南省气象部门以党的政治建设为统领，始终坚持"严"的主基调，深入推进全面从严治党。以正面激励与反面警示结合，引导广大党员干部知敬畏、存戒惧、守底线。综合运用纪检监督、巡察监督、审计监督、日常监督、职能监督等多种方式，督促党中央和上级重大决策部署在湖南气象部门落实。健全风险防控机制和重点领域常态化监督机制，强化对权力运行的制约和监督，严格落实中央八项规定精神，预防和整治形式主义、官僚主义，保持风清气正的良好格局，为湖南气象事业高质量发展提供坚强保证。

▶ 领导亲切关怀与指导

▲ 2006年9月，中纪委驻中国气象局纪检组组长孙先健（左一）来湘指导工作并参观廉政书画展

▲ 2011年3月，中纪委驻中国气象局纪检组组长刘实（左一）来湘指导工作

▲ 2012年7月，中纪委驻中国气象局纪检组副组长彭抗（左一）来湘指导工作，并为省局党组纪检组颁发荣誉证书

▲ 2018年12月，中央纪委国家监委驻农业农村部纪检组正局级纪检员周若辉（左二）来湘检查指导工作

▶ 廉政党课与参观调研活动

▲ 2012年5月，湖南省气象局党组书记、局长祝燕德讲廉政党课

▲ 2013年7月，湖南省气象局党组书记、局长常国刚讲廉政党课

▲ 2019年7月，湖南省气象局党组书记、局长刘家清讲廉政党课

▲ 2006年春节，湖南省气象局党组纪检组组长费中运、副局长潘志祥向处级领导干部赠送廉政对联

▲ 2014年4月，湖南省气象局党组纪检组组长蔡奇亮率队赴长沙监狱接受警示教育

▲ 2019年7月，湖南省气象局党组纪检组组长潘志祥率队赴基层开展作风建设专项调研

▶ 丰富多彩的廉政活动

▲ 2006年10月9日，省气象局庆祝新中国成立57周年，并举办廉政歌曲比赛

▲ 2007年9月29日，省气象局党组纪检组组长刘家清为"树荣辱观 唱正气歌"活动致辞

▲ 2009年9月22日，省气象局举办庆祝新中国成立60周年廉政诗歌朗诵比赛

▲ 2011年5月27日，省气象局党风廉政知识竞赛

▲ 2014年4月18日，湖南省气象局"清廉家风故事会"

▲ 2015年5月12日，湖南省气象部门反腐倡廉辩论赛

▶ 有声有色的廉政文化作品

湖南气象廉政文化起源于 2005 年，在湖南省气象局党组的高度重视、纪检监察机构的精心组织、党员干部的积极支持下，从比较单一的读廉政书籍、观廉政影片、唱廉政歌曲、发廉政短信等廉政文化活动，到开展廉政文化研究、创作廉政文化产品，从廉政文化进机关到进台站、进家庭……湖南气象廉政文化建设从无到有，一步一个坚实的脚印，内涵日渐丰富，廉政文化活动形式日趋多样，参与者逐步增多，影响力逐步提升，走出了一条特色之路。湖南气象廉政文化建设得到了中央纪委驻中国气象局纪检组、省纪委的高度肯定，被省直兄弟单位誉为"有光有影、有字有画、有声有色"。

▲ 宣传册——廉政文化系列作品集

▲ 省局开发的廉政文化屏保软件由省纪委向全省推广使用

▲ 廉政贺卡

▲ 家庭助廉倡议书

▲ 廉政电子刊物——清廉之窗（2006 年度被评为气象部门优秀廉政电子刊物）

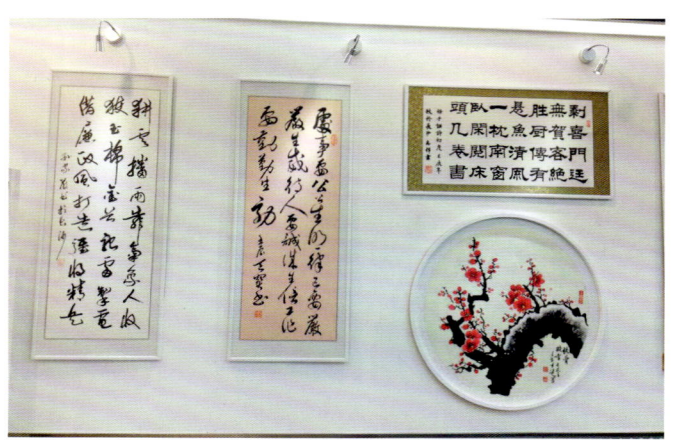

▲ 廉政书画作品

▶ 硕果累累的荣誉证书

湖南省气象局高度重视党风廉政建设，2005-2012年，局党组纪检组连续8年被省纪委评为"湖南省反腐倡廉宣传教育工作先进单位"；2008-2012年，连续5年获得气象部门宣传教育月活动组织奖和知识竞赛活动组织奖（2012年之后纪检取消评奖活动）；2005-2019年，连续12年获评湖南省内部审计工作先进集体（每3年评比一次）。2009年8月，湖南省气象局被省纪委命名为全省首批"廉政文化建设示范点"。

▲ 2005年度全省反腐倡廉宣传教育先进单位

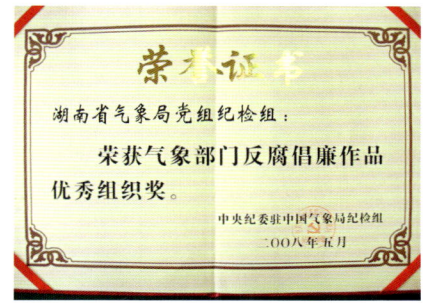
▲ 2008年获得气象部门反腐倡廉作品优秀组织奖

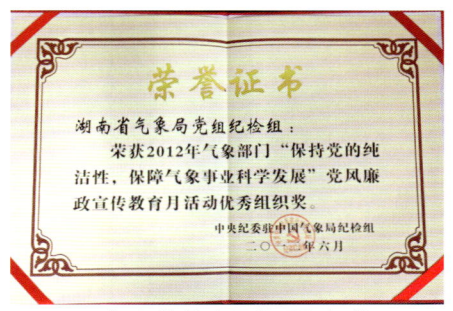
▲ 2012年宣传教育月优秀组织奖

▲ 省局被评为"2005-2007年度全省内部审计工作先进单位"

▲ 2008年获得"全国气象部门廉政文化示范点"称号

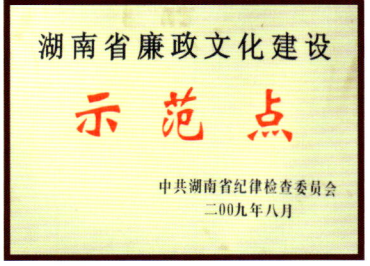
▲ 2009年8月，省气象局被省纪委命名为"湖南省廉政文化建设示范点"

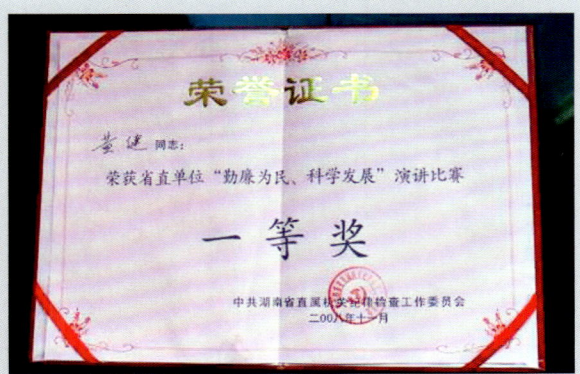
▲ 2008年11月、2009年6月，选派黄健同志参加湖南省直纪工委、湖南省纪委组织的"勤廉为民、科学发展"演讲比赛，两次均荣获一等奖。图为时任省纪委书记许云昭同志为黄健颁奖

文明创建，旧貌新颜

湖南省气象部门坚持物质文明建设和精神文明建设"两手抓、两手都要硬"的方针，着力推进精神文明建设和气象文化建设，"为民管天、追求卓越，优质服务、造福三湘"的湖南气象人精神进一步发扬光大。2004年湖南省气象部门建成"文明行业"。自 2008 起，相继有 6 个单位建成全国文明单位，36 个单位建成省级文明单位。

◀ 湖南省气象部门第二届气象人精神演讲比赛现场

▲ 2009 年，全省气象部门精神文明建设工作会议

2001 年 3 月，湘潭市气象台荣获全国巾帼文明示范岗 ▶

▲ 2019年，在"不忘初心　牢记使命"主题教育总结会上开展红色故事专题宣讲

▲ 湖南省气象服务中心主题党日活动

◀ 1978年10月，永州蓝山县气象站黄育新（前排左二）被评为"双学先进工作者"，李祖华（中排左四）代表"双学先进单位"蓝山县气象站出席全国气象部门学大寨、学大庆先进代表大会，在北京人民大会堂受到党和国家领导人亲切接见

黄育新"双学先进工作者"证书（永州）▶

▲ 各种荣誉奖牌

◀ 2018年2月，邵阳市气象局"全国文明单位"授牌现场

2010年10月，湘西州气象局荣获 ▶
湖南省"青年文明号"

▲ 2010年5月，娄底市气象局"全国五四红旗团支部"成员合影

▲ 2010年5月，娄底市气象局团支部"全国五四红旗团支部"奖牌

党建和精神文明建设篇 | 湖南

▲ 2009年，湖南省气候中心副主任刘品高荣获湖南省五四青年奖章

▲ 2011年，何正阳获全国五一劳动奖章

▲ 2014年，岳阳国家观测站荣获省级工人先锋号授牌合影

▲ 2019年，湖南工人先锋号出席代表王建波

群团活动，多姿多彩

湖南省气象局坚持党建带群建，不断增强群团组织的政治性、先进性、群众性，全省气象部门群团活动多姿多彩，充满活力。

▶ 志愿活动和党日活动

2010年4月2日，湘潭气象职工积极参加第十一届省运会、第八届残运会环保志愿服务活动

2018年"3·23"科普宣传活动湖南省气象局学雷锋志愿者服务队

2018年8月15日，湖南省气象台党员在遵义举行主题党日活动

▶ 文艺活动

▲ 丰富多彩的文娱演出活动

▶ 2014年,"中国梦·劳动美·我与改革创新"演讲比赛

2016年,湖南省直单位"中国梦·劳动美"主题活动舞蹈大赛 ▶

◀ 2008年,改革开放30周年文艺汇演

党建和精神文明建设篇 | 湖南

◀ 在庆祝新中国成立60周年暨第二届全国气象行业文艺汇演中获二等奖，演出代表团合影留念

◀ "情融风雨"文艺汇演

◀ 2011年10月21日，中国气象局党组书记、局长郑国光观看湖南省气象局"提高四个能力，实现气象现代化"文艺晚会，并与演职人员合影

▶ 体育活动

第一届气象系统篮球赛 ▶

◀ 2012 年，省气象局举办集体广播体操比赛

2008 年，湖南气象职工陈珊在传递奥运火炬 ▶

◀ 长沙市气象局登山比赛

◀ 岳阳市气象局组织环王家河健步行活动

◀ 气象人篮球赛

▲ 气象人气排球赛

▲ 省气象局参加全国气象行业运动会

▲ 全国气象行业运动会参赛运动员合影